U0072403

神奇的探索

于秉正◎主編

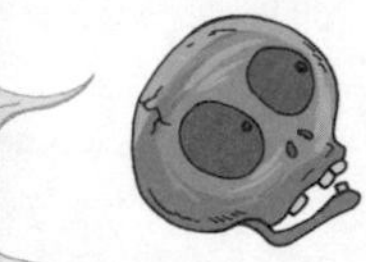

我們一起來**探索與揭密**

劉淑華（幼獅文化公司總編輯）

每天早晨吃得飽飽的，為什麼中午11點多就會飢腸轆轆，人體這個複雜的機器究竟是怎麼回事？

傳說熱帶雨林亞馬遜河流域早期有食人族部落，真的嗎？他們為什麼要吃人？

當我們冬天在「世界屋脊」的帕米爾高原上，若沒有做好防寒準備，我們的手、耳朵或鼻子便會被凍得掉下來，為什麼呢？

許多探險家都喜歡到非洲，世界上第一位穿越非洲的蘇格蘭人，發現了什麼驚人的情景？

新聞中常提到的南海大海嘯、311地震、巴黎恐攻、流行病毒肆虐、吸毒氾濫等災難，這些又是個什麼樣慘痛人寰的情狀，我們能不能從這些災難中得到啟示。

對於上面這些問題，是否有一探究竟的好奇心，是否有解開謎團的企圖心呢？

1983年美國哈佛大學嘉德納教授，提出多元智能觀點，認為每個人都具備語文、邏輯數學、空間概念、肢體動感、音樂、人際關係、自然觀察、反省等9種智慧，教育時應積極挖掘孩子在不同領域的潛能與專長，若在適當機會，孩子都能發展到一定水準，且在生活中會以不同型式呈現出來；去年嘉德納又指出，在21世紀決定我們能否成功的因素，在於是否具備提出好問題、解決重

要問題、創造好作品以及和諧的團隊合作等四種能力。近年來政府強力推行的翻轉教育，也是期待讓孩子藉著主動學習，來發現問題、探索問題、思維統整和創新，進而提升未來的競爭力。

《神奇的探索》與《可怕的災難》就是在這種精神下自中國和平出版社引進，我們天生就有好奇心，年齡愈小愈強烈，《神奇的探索》以海洋、陸地與人文等3個面向，以生動有趣的故事體裁、誇張靈動的插圖，引導孩子在欣賞故事的懸疑氛圍中持續閱讀，並提問讓孩子加深加廣的思考，主題內容相當廣泛，其中有自然環境的探索、古代傳奇的探究、天文物理的尋索以及文化傳承的研究，讓我們不僅能增長了科普與人文知識，在閱讀涵詠中也培養追根究柢、探究歸納的科學精神。

此外，近年來天災不斷人禍不停，更顯得《可怕的災難》出版的急迫性，八仙樂園粉塵爆炸、臺南美濃地區大地震、每天上演的車禍，其次103年教育部公布的兒少保護事件有18749件，將近8成是意外事件，這些事件大多是可以防範的，即使地震無法預防，但是如何認識災難、正視災難、遠離災難、做到自保，將傷害降到最少，都是我們應該學習的。

期望藉著這兩本書的出版，作為大家學習探索，了解災難的跳板。

目錄

前言

我們一起來探索與揭密 02

海洋探索

海上漂流 76 天 08

橫渡英吉利海峽 12

麥哲倫環繞地球一周 16

突然出現又突然消失的幽靈島 20

傳說中有去無回的根哈島 24

謎一樣的幽靈船 28

讓人無法呼吸的湖水 32

向海洋深處進軍的勇士 36

吞噬活人的海底墳墓 40

能夠困殺船隻的馬尾藻海 44

陸地探索

與猛獸同行——非洲探險 50

可怕的沙漠 54

高原之旅 58

極度寒冷的危險雪域 62

危險無處不在的極地 66

可怕的極地天氣 70

挑戰寒冷的北極點 74

南極點爭奪戰 78

太平洋河流——美國西部探險 82

充滿未知危險的熱帶雨林 86

遭遇可怕的行軍蟻 94

吃人的惡魔之樹 98

人文探索

食人族真的吃人嗎？ 104
既恐怖又神祕的瑪雅文明 108
100 天穿越撒哈拉沙漠的中國第一人 112
非洲探險第一人 116
追逐龍捲風的人 120
聞名全球的大探險家——植村直己 124
走向太空 128
埋藏在北冰洋裡的富蘭克林 132
對敵人惡毒詛咒的縮頭術 136
從沙漠中挖出來的瑰寶——樓蘭 140
使人離奇死亡的法老詛咒 144
恐怖到令人虛脫的墳墓 148
危機四伏的秦朝陵墓 152
讓人痛苦死亡的殺人石 156
親身經歷火山噴發的奧古斯丁 160
神祕莫測的喜馬拉雅雪人 164

海洋探索

哇！海上的鯊魚會不會吃了他啊！

海上漂流76天

1982年，29歲的新英格蘭造船工程師斯蒂芬·卡拉漢夢想去環遊世界，他自行設計了一條7公尺長的單俺小帆船，命名為「拿破崙·蘇祿號」。不幸的是，船在途中遭到破壞沉入海中。於是在大約2公尺長的救生艇中，斯蒂芬靠魚、雨水等存活了76天。他的這段經歷真是驚險啊！

船沉入海中，只剩下一條救生筏

當「拿破崙·蘇祿號」在大西洋上航行了7天的時候，斯蒂芬感到船顛簸得很厲害。他連忙看了看外面，原來海面上起了風暴。突然，他一下摔倒在船艙地板上，船好像被什麼東西猛烈地撞擊了一下。只有幾秒鐘，海水湧入船艙並漫到他的腰部。接著，船不受控制地向海底沉去。

時間緊迫，斯蒂芬沒有來得及割斷急救袋的繩索，就趕緊逃出船艙外，將救生筏推進海裡，翻身跳入救生筏。

斯蒂芬還想去取急救袋，於是讓救生筏靠近下沉的船，將救生筏拴在船尾，自己游到船邊，憋足了氣，鑽入船艙。他摸到急救袋，但感到憋的氣不夠了，只好又浮出水面換氣，然後再

鑽下去。為了割斷急救袋的繩索，他換了四、五次氣，當他終於拿到急救袋正要轉身離開時，「嘩嘩嘩」一陣一陣海浪封住了艙口蓋。求生的欲望，使他一次次掙扎著，用手去打那封閉的艙口蓋。「叭」的一聲，艙口蓋經不住海水的壓力而裂開了，他才奮力游出了還在不斷下沉的船艙。

斯蒂芬沒有馬上離開沉船。他在船尾繫了一條長繩，要是第二天早上，船還沒有完全沉入海底，他打算再到船上去拿些食物和其他必需品。天快亮時，長繩斷了，船最後完全消失在海水裡，斯蒂芬只剩下了這條救生筏。

遇到鯊魚的襲擊

連著下了整整4天的暴風雨。斯蒂芬發現，在救生筏附近常會有一種叫鯕鰍的海魚游過，而且在筏子周圍越聚越多。因為他的食物已經不多了，而這些鯕鰍能使他填飽肚皮。

一天，斯蒂芬突然感到救生筏下面被什麼東西拉扯著，仔細一看，不禁毛骨悚然，原來是一條巨大的鯊魚，他拿魚槍奮力地去刺鯊魚，鯊魚上下翻滾著，在海水中攪起一個個漩渦，救生筏也被牠攪得搖搖晃晃。斯蒂芬拚命地刺，鯊魚終於被趕走了，海水又恢復了平靜。

斯蒂芬已經在海上漂流了10多天了，他用魚槍獵到了幾條鯕鰍，飽餐了一頓。但以後的幾天，他一無所獲，漸漸地，他已經沒有其他食物可以充饑了。

半個月過去了，斯蒂芬的太陽能蒸餾器開始產出淡水，他給自己定下每天的飲水量，防止遇到陰天或什麼不測時斷絕飲用水。可這天晚上，他又遇到了鯊魚的襲擊。越來越多的鯊魚聚到他的周圍，不時在海面翻騰，撲過來咬救生筏或者在水下翻滾。斯蒂芬用魚槍一次次地趕走這些凶惡的「海中殺手」，一會兒顧這邊，一會兒又顧那邊，忙得他團團轉。鯊魚離開後，他剛剛合上眼，又常常感覺牠們「捲土重來」，趕忙再警覺地查看四周，令他疲勞不堪。

奇蹟般生還

一天，斯蒂芬正在全力拉一條鯕鰍到救生筏上時，魚叉不巧折斷，更糟糕的是，叉尖將救生筏的一側刺穿了一個不小的洞，緊接著暴風雨又來了。斯蒂芬用救生筏坐墊中的泡沫橡皮將漏洞塞住，然後再用細繩紮緊。可是水仍然不停地漏進來，他只好一遍遍地給救生筏打氣，然後又一遍遍地用空咖啡罐舀水。

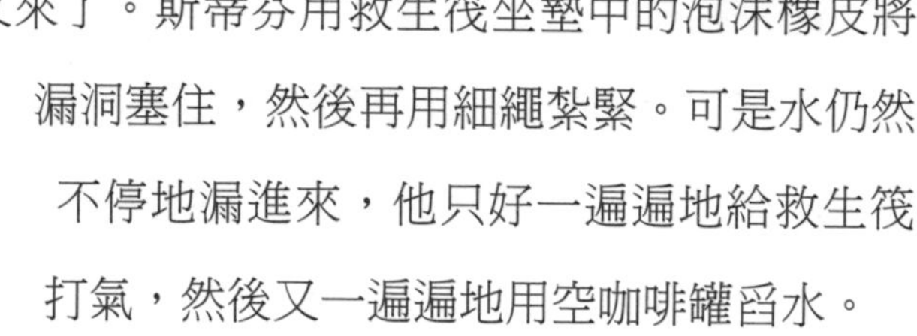

這次意外發生的第三個晚上，斯蒂芬把手電筒綁在額頭前忙活的時候，注意到一條更大的

鯊魚游過。天將亮的時候，這條鯊魚依然圍著救生筏游來游去。斯蒂芬顧不上牠，用已經滲血的膝蓋支撐著身體跪下，為漏氣的救生筏打氣。誰知，氣的壓力一下子將塞在漏洞上的泡沫橡皮崩飛了。他冷靜地想了想，把食叉的柄把卸了下來，巧妙地解決了這個問題。救生筏上的破洞被完全塞住了，打氣以後仍然塞得很緊。

斯蒂芬在海上漂流了76天，歷盡了千難萬險。被加勒比海安提瓜島南邊的一個小島上的漁民救上岸，被救上岸的斯蒂芬嚴重營養不良，身體脫水，全身布滿了爛瘡和傷口，但他的神智很清醒，向漁民說出了自己的姓名。他的體重減輕了18公斤，被抬上岸幾小時後，便可以不用攙扶了。

有能力捕食人類的鯊魚

海洋裡的鯊魚都有能力捕食人類，但由於熱帶海域食物豐富，這裡的鯊魚並不凶殘，用棍棒戳牠敏感的鼻子就能把牠戳走。鯊魚在海洋的深處生活以及捕食，但飢餓的鯊魚會隨魚群一起翻上水面進入淺水區。鯊魚習慣在夜晚、黃昏或黎明時間進食，牠的視力很有限，在水中主要通過嗅覺和身體擺動確定目標的位置，對血液和身體排泄物相當敏感，微弱而急促的運動也容易引起鯊魚的注意。

濃霧彌漫，恐怖至極！

橫渡英吉利海峽

英吉利海峽位於英國和法國之間，一邊是英國的多佛爾，另一邊是法國的加萊，海峽最窄的地方僅為30多公里。長久以來，這條海峽一直吸引著世界各國的游泳高手前去橫渡，已有不計其數的人成功地橫渡了英吉利海峽。而阿沙貝・哈伯爾是其中年齡最大的一位。

第一次橫渡以失敗告終

1981年8月9日，65歲的阿沙貝・哈伯爾準備從英國海岸出發，游向遙遠的法國，開始進行橫渡英吉利海峽的嘗試。

這天，天氣糟透了！他剛剛出發就起了風，浪遠遠地撲過來，哈伯爾像魚一樣在海裡游著，一下一下地滑著水，堅定地向前游。保護船遠遠地在他身後。

突然，哈伯爾的手變得不聽使喚，很快地就抽筋了。他踏著水，調整著呼吸，盡量讓兩隻手放鬆。游完20公里，已經7個小時過去了。他感到兩條胳膊很酸痛，漸漸地滑不動了，呼吸也失去了節奏，透過游泳鏡，眼前的一切都變得恍恍惚惚了。這時，他咬著牙，機械地滑著水，由於用力大了些，胳膊又開始抽筋了，一陣陣疼痛刺激了他的大腦。接著，他的胃也開始痙攣了。頭暈得要吐，哈伯爾感到了窒息的恐懼。終於，他滑不動了，並昏了過去。

哈伯爾與大海搏鬥了13個小時，共游了35公里。救援人員把他拖到甲板上，他睜開了眼睛，胃裡又一陣翻騰，「哇」地吐了很多水，這裡距離目的地還有5公里。就這樣，他的第一次嘗試失敗了。

遇到大片大片的水母

1982年8月，阿沙貝・哈伯爾在兒子戴夫的陪伴下，再次來到英國。第二次橫渡英吉利海峽的日期原本定在8月26日——流經大西洋和北海之間的潮水最低的時候——可因為天氣突然變壞，橫渡英吉利海峽的時間改到28日。

8月28日早晨不到8點，阿沙貝・哈伯爾從多佛港附近的海岸下水，朝著對岸的法國游去。海水很溫暖，他平穩地勻速前進。可沒到一個小時，手又開始抽筋了，他努力讓自己不要緊張。游了24公里後，潮水上漲，哈伯爾開始越來越費力，並漸漸偏離航線，守在船上的戴夫擔心起來。哈伯爾全力拚搏著，但潮水的阻擋使他多費了太多力氣，滑水的速度大大降低。他盡量保持著清醒的頭腦，這時不能急，更不能失敗。哈伯爾很快適應了海潮，繼續奮力向前。

「小心水母！」哈伯爾一驚，急忙抬起頭，不知什麼時候，海面上出現了一大片乳白色的蜇人水母。哈伯爾可不想惹麻煩，但又不甘心為了躲過牠們而繞一個大彎，於是決定在快與牠們相遇時，深吸一口氣潛過去。但當哈伯爾要潛入水底的剎那間他就後悔了，在第一片水母後面還有一片正緊隨著，而且正被海灣高舉著推向自己。這樣的話，自己要在水裡憋很長一段時間，可是沒辦法，只能咬牙一拚了。在水面下的哈伯爾又一次感受到窒息的恐慌，終於躲過了水母，哈伯爾鑽出水面狠狠地吸了一口氣，太幸運了！他感覺一切良好。

成功到達彼岸

大西洋的冰冷潮水終於來了，哈伯爾充分調動著身上一切器官以適應牠們。潮水來得很猛，幾乎阻止了他的前進。這股潮水使他失去了在最近的海岸登陸的可能。

這時候，保護船上的戴夫跳進水裡，與父親保持著距離，在前面領航。父子兩人奮力向前游了20分鐘闖過了巨浪。一切又平穩了，哈伯爾

本能地滑著水，但剛才的一番搏鬥幾乎耗盡了他的所有體力，他感覺自己要往下沉了。突然，他隱隱約約感到腳下碰到了細軟的沙子。他不相信，用腳使勁向下一探，果然是沙子，他終於踏上了陸地。

經過了將近14個小時的努力，阿沙貝・哈伯爾游了45.9公里之後，終於走上了法國懷桑附近的海岸，他成功了！

無肢男子征服英吉利海峽

2010 年 9 月 18 日早上 8：00，42 歲的法國無肢男子菲力普・科洛松下肢套上帶有腳蹼的假肢，頭戴潛水鏡和呼吸管，從英格蘭南部肯特郡的福克斯頓港出發，經過 13.5 小時，於當晚 9：30 抵達英吉利海峽的另一頭——法國加萊港附近，成為世界上第一位成功橫渡英吉利海峽的「無肢人」。

科洛松 16 年前不幸被兩萬伏特的高壓電源擊中，被迫截去四肢。截肢前的科洛松其實是個「旱鴨子」，根本不會游泳。為了橫渡海峽，科洛松開始了長達兩年的「地獄式」訓練，他穿著假肢練習跑步、舉重、游泳，每周訓練時間超過 35 小時。

這就是死亡角嗎？

麥哲倫環繞地球一周

15世紀以前，世上沒有人相信地球是圓的。直到麥哲倫第一次環球航行結束，人們才認識到，無論從西往東，還是從東往西，毫無疑問，都可以環繞地球一周回到原地。

浩浩蕩蕩的船隊出發了

1519年9月20日，麥哲倫率領一支由200多人，5艘船組成的浩浩蕩蕩的隊伍，從西班牙塞維利亞城的港口出發，開始了環球遠洋航行。

剛開始相當順利，僅僅6天時間，他們就到達了位於北大西洋東部的加那利群島。當船隊在這裡補充淡水和食品的時候，一艘小船快速地駛來。來人交給麥哲倫一封密信，麥哲倫從密信中得知，遠航船員中有個別人上船前曾揚言，一有機會就中止遠航或殺掉麥哲倫。麥哲倫很鎮定，不慌不忙地燒了密信，指揮船隊起航繼續前進，同時留心觀察周圍的一切動靜。

在行駛的十幾天中，海上幾乎沒有狂風暴雨，也沒有巨浪。半個月後，麥哲倫發現一些西班牙官員暗自活動，時而製造謠言，時而挑起大家的不滿情緒。幾天後，麥哲倫根據洋流和風向，決定把船開往佛德角群島，橫渡大西洋駛向南美洲。就在這時，遭到卡爾塔海納的反對。

麥哲倫無法說服卡爾塔海納，就採取了果斷措施，逮捕了他，讓麥斯基塔擔任船長。兩個月以後，麥哲倫率領的船隊順利地橫渡了大西洋，來到南美洲巴西海岸，並花費了兩個多月時間尋找通向「大南海」的海峽。儘管他們耐心地尋找，仍然是一無所獲。海峽在哪裡呢？他們找不到。此時，南半球的冬天來臨了，氣候變得不宜於航行了。麥哲倫考慮再三，決定在當地停船休整，度過寒冷的冬天。過程中有很多人鬧事，都被麥哲倫一一平息了下來。

通過麥哲倫海峽，到達太平洋

1520年8月24日，船隊重整旗鼓，從聖胡利安港灣出發，繼續向南航行。又走了將近兩個月，在南緯52度的海岸，發現一個海口。派去勘察的人帶回一個讓人驚訝的消息。他們說進入海口，水一直是鹹的，沒有遇到淡水（從陸地流入海洋的水是淡水），而且水流很急。麥哲倫一聽，意識到他們找到海峽了。這條海峽東通南大西洋，西連南太平洋，長約580公里，後來被命名為麥哲倫海峽。

就在麥哲倫興奮地率船隊在海峽中摸索前進時，被派去探航的聖安東尼奧號上的主舵手哥米什看到海峽浪高風大，加上對前途信心不足，就集合了一些人扣押了船長麥斯基塔，掉轉船頭返回了西班牙。來時的5艘船，其中聖地牙哥號遇難沉沒，現在又走了1艘，剩下3艘船，在麥哲倫的指揮下繼續前進。28天以後，也就是1520年11月28日，在他們面前突然出現了一片浩瀚的大海，他們真的來到了「大南海」！駛出麥哲倫海峽，艦隊向西北方向行進。3個多月的航行，竟然沒有遇到一次大風浪，海面平靜極了，真是一個奇蹟！所有的人都說：「這真是一個太平的海洋！」

從此，「太平洋」這個名稱就被用到現在。其實，太平洋也並不都太平，只不過麥哲倫船隊航行的三、四個月裡風浪很少，其他時候的風浪一點兒也不比大西洋小。

橫渡太平洋

漫長的橫渡太平洋之旅開始了，船上的飲水開始變質發臭，而且每人每天也只能分上一小杯；儲存的餅乾裡被摻進了很多土和老鼠屎；加上長期缺乏蔬菜，許多人牙齦化膿，全身浮腫，得了壞血病，還有的船員因病死去。

在這生死關頭，1521年3月6日，船隊抵達北太平洋的關島，在那裡補充了水果、魚、豬肉等食物和水，船員們的身體漸漸地康復了。至此，麥哲倫已經在太平洋上航行了3個月零20天，漂泊了9000海里。他們繼續向西航行，一周後，他們來到了菲律賓群島。島上的土著人熱情地接待了他們。麥哲倫則用帶來的貨物換取了昂貴的香料。可是後來在一次戰鬥中，麥哲倫被殺死了。

麥哲倫死後，船員們並沒有放棄，他們再次啟航，繼續向西航行。最後，麥哲倫船隊中唯一倖存的維多利亞號於1522年9月6日載著倖存的遠航者，歷時1080天，航行46280海里，返回了西班牙，出發時的200餘人只有18人平安回家。

地球是圓的，還在不停自轉

船隊在到達佛德角群島時，上岸購買食物的水手回來後，告訴船上的史學家比加費德一件事情：「島上的葡萄牙人說，今天是星期四。」比加費德百思不得其解，他一直在記航海日記，記錄清楚的表明今天是星期五。當時，他們還不知道，以一定航向繞地球一周，要不多一天，要不少一天。原來，地球不僅是圓的，而且還在不停自轉。如果總是向著日落方向航行，繞地球一周之後，就會少一次日出與日落。

好吃的糖果也會變成凶手

突然出現又突然消失的幽靈島

在關於海洋的神話傳說中，那些居住著神仙的島嶼讓人難以捉摸。也許你今天去，它在這個位置，而到了明天，它就會換一個完全不同的位置了。事實上，在茫茫的大海之上確實存在著這麼一種來去無蹤的島嶼，科學家們把這種島嶼稱為「幽靈島」。

伴隨著巨大的水柱，神祕的小島突然誕生

在1831年7月10日，一艘義大利商船在地中海上漂泊著，船上滿載著從非洲掠奪來的貨物，他們要把這些貨物運送回義大利去。本來，這是一次十分平常的航行，然而當這艘船行駛到西西里島附近時，突然發生了一件奇怪的事情，立即讓他們的這次航行變得聲名鵲起。在不遠處的海面上，海水就好像是煮沸了一樣翻騰起來。緊接著，一股直徑約為200公尺的水柱驟然噴出，足有六、七層樓房那麼高，不過這水柱也就是曇花一現罷了，因為沒過多久，這道水柱就變成

了一團煙霧彌漫的蒸汽，一直升向了高空之中。船長及其船員們從未見過如此壯觀的景象，不禁都驚得目瞪口呆。當時，一位船員曾在自己的日記中這樣描述：「那是一種我從未見過的情景，無法想像，當時的整個海面都沸騰了，就好像是有一團大火在不斷地烘烤著整片海洋一樣。巨大的水柱沖天而起。就像是一條倒捲上天的瀑布一樣，可怕極了！」

不過，由於這艘船還有任務，並且船上的補給品也快不足了，因此他們並未在此多作停留，很快便離開了。可當他們8天後返航，再一次經過這片海域的時候卻驚訝地發現，這裡不知是從什麼時候開始，竟然多出一個仍然冒著濃煙的小島。在這個小島的周圍，還漂浮著許多紅褐色的浮石和大量死魚。而且，這個小島還在隨後的10多天裡不斷地擴張，周長擴展到將近5000公尺，高度也和著名的比薩斜塔差不多了。

離奇消失又突然出現的小島

在那個伴著巨大的水柱，突然神祕誕生的小島所在的海域，東部可以迎接來自蘇伊士運河的船隻，西部可以到達西班牙和法國，北部是義大利，可以說是一個航運繁忙、地理位置十分重要的地方。因此，就在這個小島突然出現的消息廣泛傳開以後，鄰近的各國開始紛紛派人前往調查，以爭奪這個小島的主權。

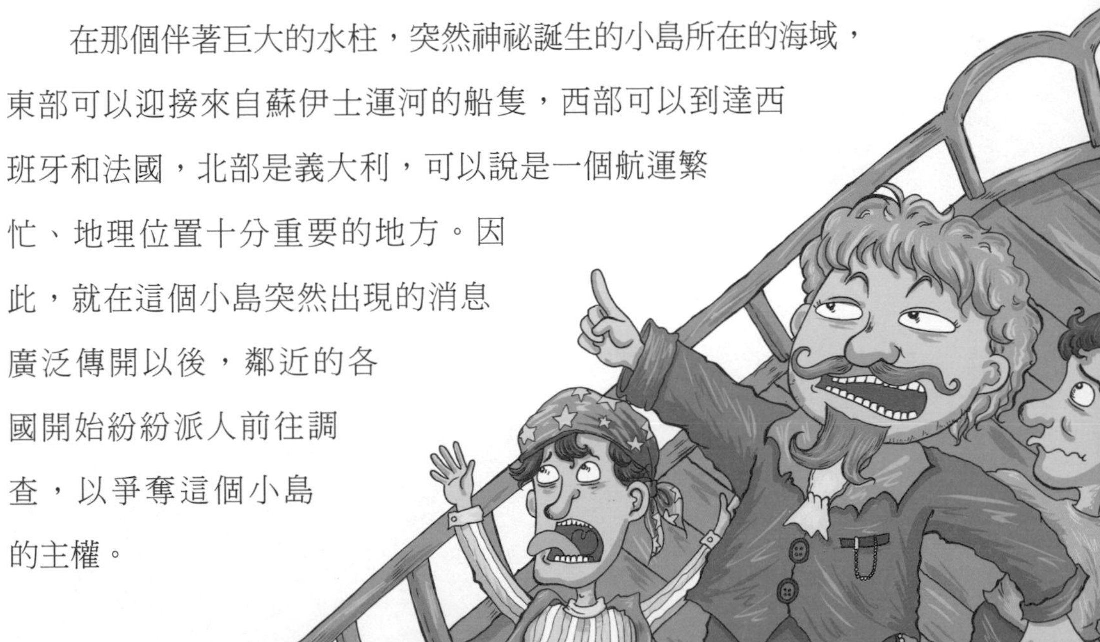

然而，就在各國代表為了小島的主權歸屬問題吵得不可開交的時候，這個小島竟然開始莫名其妙地縮小了。在小島生成後的一個多月的時間裡，它就已經縮小了87.5%，而過了兩個月以後，當一組地質學家專程前往考察時，在那裡等待著他們的，就只剩下了一片汪洋。不過，這座小島卻並沒有真正的消失，在以後的日子裡，這座小島就像是一個頑皮的孩子一樣，時不時地躥出水面，然後又突然消失。人們最後一次看到這座小島是在1950年，當它再一次戲耍人們之後，就又悄悄地消失了。時至今日，都沒有能夠再一次的出現。

由火山噴發出的岩漿凝固而成的幽靈島

其實，幽靈島並不是地中海獨有的，在太平洋和大西洋的茫茫大海上，也存在著許許多多不知名的幽靈島。而對於這些幽靈島的形成原因，人們都是一知半解。於是，一位立志要解開幽靈島奧祕的美國海洋地質學家，就乘船來到了地中海。不過，也不知道是他一直默默的祈禱，使上帝發了善心還是其他原因，就在他所乘坐的船隻到達幽靈島的附近海域的時候，正好碰到那座幽靈島的再次出現。與記載完全一樣，海水沸騰，巨大的蒸汽煙霧直衝蒼穹，紅褐色的浮石漂浮在海面，許許多多海魚被燙死在海水之中。看到這樣的情景，這位海洋地質學家突然在腦海中描繪出了這樣的一幅畫面：在那黝黑的海底，一個巨大的海底火山口正在進行猛烈地噴發，大量紅色的、能讓金子熔化的岩漿噴湧而出，一下子就把海水給煮開了。這些滾燙的海水不斷翻滾著，化作水蒸氣衝向了天上。而在海底，那些岩漿在海水的作用下被不斷地冷卻。隨著被海水冷卻凝固的岩漿越積越高，最終形成了一座浮出水面的幽靈島。

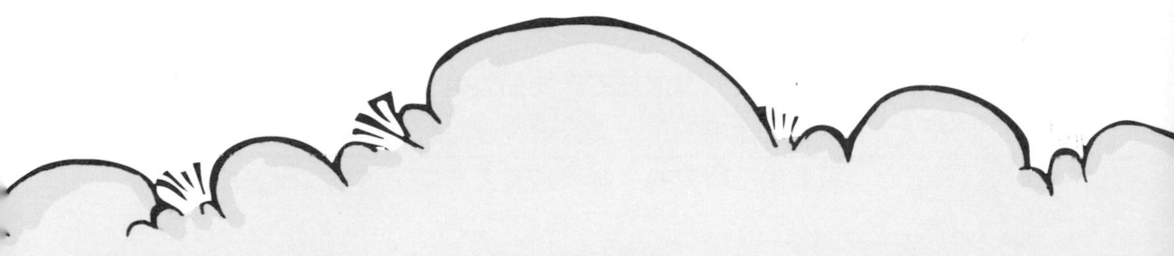

如果地殼活動劇烈，日本很有可能沉沒

《日本沉沒》是一部在日本幾乎家喻戶曉的電影，講述的內容就是在未來的某一天裡，當地殼活動到達了一個高峰期時，強烈的地震將日本四島的根基破壞，所有的日本國民逃生和重建的故事。雖然，《日本沉沒》只是一部災難電影，但是其講述的科學道理卻是真實可信的。根據一位美國海洋地質學家的研究顯示，如果有一天，太平洋板塊和亞歐板塊再次產生漂移，從而使日本四島的地下形成某種地殼空洞的時候，整個日本也許就會遭受到和「幽靈島」同樣的命運，就像電影裡描述的那樣，在劇烈的搖晃中，沉沒在那碧波萬頃的大海之中。

哇，魔咒真的能應驗嗎？

傳說中有去無回的根哈島

世界上奇怪的島嶼很多，在土耳其西南部就有一個叫做根哈島的島嶼。關於美麗的根哈島一直流傳著一個可怕的傳説——如果有陌生人來到島上就一定會死亡。可是，在島上居住的居民卻沒有任何危險，他們依然安全地度過生命中的每一天。傳説越是可怕，就越激起愛好者要去一探的好奇之心，可是幾乎所有的生命都是有去無回，這到底是怎麼回事呢？

敢獨闖「惡魔島」的生意人

王茂是一個專做海產品生意的華人，在土耳其的一次商務考察結束之後，他想到海上去看看。一位上了年紀的男嚮導聽說王茂要去根哈島，頓時嚇得臉色都變了，急忙勸他說：「根哈島可是有『惡魔島』之稱，一般陌生人要是去了，十有八九都會沒命。」可是王茂已經對根哈島產生了興趣，於是找到一艘從根哈島開來的船。令人出乎意料的是，船長竟然答應了他的請求。

船長是個熱情的根哈島人，他邀請王茂到家裡做客，王茂欣然接受。為了給王茂接風，當天晚上，船長一家準備了豐盛的晚餐，其中有一種加了調料的生魚片，牠引起了王茂的注意。因為這個生魚片的味道實在是太苦了，並且還帶著一種無法形容的臭味，熏得王茂直想吐。剛張開嘴還沒等吃，胃裡就已經開始難受了。可是看著大家都吃得那麼香，王茂只能硬著頭皮吃了一點兒，還好沒有吐出來啊！

意外褻瀆石神，遭遇可怕魔咒

來到船長家的第二天，船長的兒子就帶領王茂繞島而行。畢竟沒有來過根哈島，對於周圍的一切，王茂很感興趣。突然，他發現了一個巨大的礁石，形狀看起來就像一個少婦，在她懷裡抱著一塊像魚一樣的石頭。王茂很感興趣，於是爬上了那塊石頭。可是，船長的兒子頓時露出了驚恐之色，轉身跑回家裡去了。

晚上，回到船長家的王茂被告知，原來那個巨石是根哈島居民的石神，人們相信它能夠保佑大家身體健康、出入順利。如果有人去攀爬石神，那就是對它的褻瀆，一定會遭遇災難的。雖然說得很恐怖，可是王茂並沒有被嚇倒。無論如何他也不會想到，災難真的一點一點地向他靠近。

剛吃過晚飯，他就發現身上起了一些疙瘩，等到了深夜，疙瘩變得越來越多，而且奇癢難忍，怎麼抓、撓都沒有用。等到第二天，他的身上已經長出很多紅斑了，並且越來越癢，還伴有很強烈的疼痛感。當天晚上，他的身體開始浮腫，身上開始紅腫潰爛，皮膚裡面甚至開始往外流出黏糊糊的膿。實在是太惡心，太可怕了。王茂不解地問船長，為什麼只有自己得怪病，而其他人都沒有？船長很無奈地說：「大家都是世代生活在這兒，誰都沒有看過這樣的毒瘡，一定是『魔咒』在作怪。」

王茂的身上開始不停地滲出血，瘙癢也越來越厲害，而且趕上天氣驟變，船隻無法出海。王茂感覺得到死亡正在慢慢向他靠近。

誤被食人魚救命，解開根哈島神祕的謎底

王茂並不甘心自己就這樣死掉，於是想出外看看天氣。可是由於身體太虛弱，他一下子栽進了身後的水池裡。狼狽的王茂掙扎著，可是突然感覺有東西咬他，船長告訴他那是食人魚。食人魚瘋狂地向王茂撲來，雖然他嚇得直哆嗦，不過被魚咬過的地方舒服多了，而沒被咬到的地方依然瘙癢難忍。幾天後，他身上的紅腫全部消失，而且還長出了新肉。時間慢慢過去，王茂的怪病也一點點好了起來。在

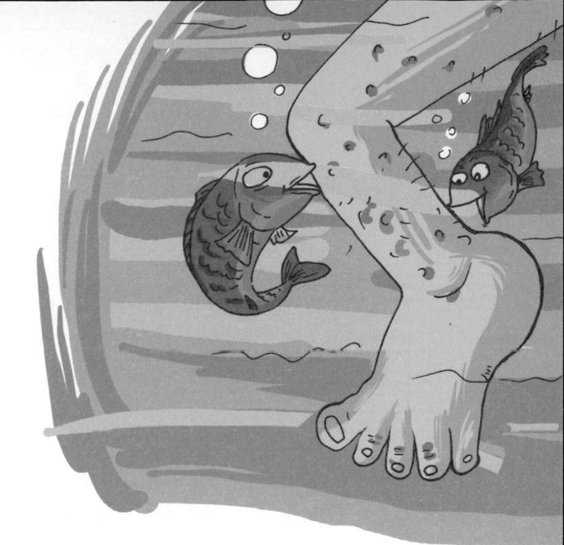

離開根哈島之時，他下定決心要查明自己得怪病的原因。

後來，經過王茂的調查和海洋生物學家的研究，終於揭開了根哈島百年的魔咒。原來，根哈島有不同於其他地方的溫度和溼度，這樣很容易導致

一種病菌產生變異，而且牠的毒性極強，人

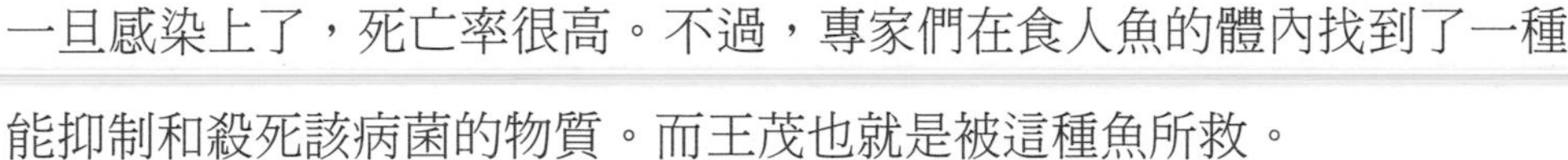

一旦感染上了，死亡率很高。不過，專家們在食人魚的體內找到了一種能抑制和殺死該病菌的物質。而王茂也就是被這種魚所救。

可怕的死神島

世界之大，無奇不有。在加拿大的東岸，就有一個叫做世百爾島的孤島。島上寸草不生，而且也沒有任何動物，光禿禿的，看起來就像個巨大的石頭。令人不解的是，每當有輪船靠近小島的時候，船上的指南針就會突然失靈，整條船就會被一種莫名的力量牽引靠向小島，感覺就像著了魔一樣。更可怕的是，船隻會觸礁沉沒，就像有魔鬼在操縱一切似的。所以，這個島被人們稱為「死神島」，令很多航海家望而生畏。

世界上真的有幽靈？

謎一樣的**幽靈船**

蔚藍的大海不但美麗壯觀，而且神祕。在茫茫的大海上，各式各樣奇怪的事從未停止發生過。你聽說過「幽靈船」嗎？這些船像幽靈一樣毫無目標地漂在海面上，偶爾消失，偶爾出現。雖然船身完好無損，可是船上的人卻消失得無影無蹤，這到底是怎麼回事呢？

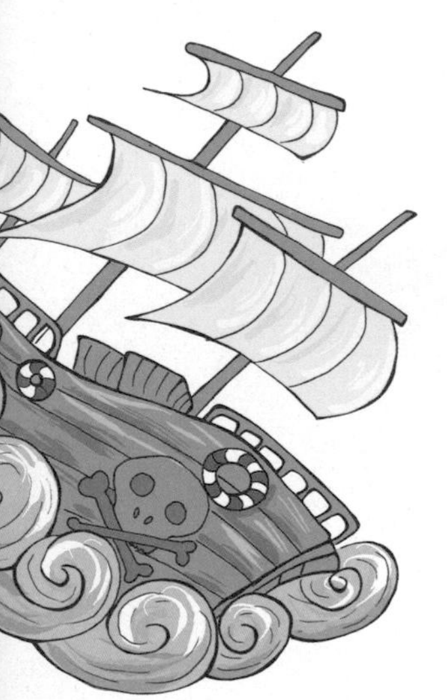

消失又再現的神祕船隻

1848年，在大西洋百慕大群島製造的米涅魯巴號帆船，在第一次駛向非洲和遠東的過程中，竟然一去不返。人們不間斷地搜尋了兩年時間，仍然沒有任何消息，幾乎可以確定它是出了事故，葬身海底了。

隨著時間的流逝，人們慢慢地淡忘了曾經發生過這樣的事。3年後的一天早晨，這艘船竟然奇蹟般地出現了。可令人們驚訝的是，船上竟空無一人，並且船身看起來已經傷痕累累，彷彿經歷了很多磨難。這艘船是怎樣經過兩年時間的漂流回到自己故鄉的呢？一直到現在，也沒有人知道這究竟是怎麼回事。

遭遇幽靈船的艾倫・奧斯丁號

1881年底，美國快速機帆炮艦「艾倫・奧斯丁」號的水手遭遇了一件奇怪且可怕的事。那天是12月12日，正在北大西洋巡查的奧斯丁號發現了一艘隨風漂泊的帆船。從遠處看，船上毫無生氣，連個人影兒都看不到。於是，船長便下令讓助手乘著小艇去查看一下。當他們慢慢地向帆船靠近時，逐漸看見了船的樣子，船名已經模糊不清了。登上船之後，發現船內一切正常，甚至船上的貨物都原封未動。水、食物也都應有盡有，可是就是看不到一個人影。

船長決定將這艘船帶走，於是他竭盡全力說服幾個有經驗的水兵留在船上，由奧斯丁號拖著這艘船航行。一路上，除了這艘無名船總是散發出一絲恐怖氣息外，其他都風平浪靜。就在離海岸還有3天路程的時候，突然海上刮起了大風，感覺像有種神奇的力量在撕扯著，最後船的纜繩斷了，在茫茫的黑夜，兩艘船徹底失去了聯繫。

到了第二天，奧斯丁號發現了失蹤了帆船，可是發出了聯絡信號後，卻得不到任何的回應，而船長派去的水手們也消失得無影無蹤，沒有留下任何痕跡。

船長並沒有被這艘「奇怪」的船嚇倒，依然堅持要將它拖回國。於是，他用重金雇傭了幾個人回到船上去。臨行前，船長還一再囑咐到：「只要跟著奧斯丁號，一切都沒有問題。」可是，漸漸地，奧斯丁水手突然發現，他們無緣無故又偏離了航道，而後面拖著的船早就消失得無影無蹤。無論大家怎麼尋找，也沒有找到關於這艘船的任何痕跡。這艘船到底去了哪裡我們不了解，究竟有多少人從這艘船上消失我們更無從得知。

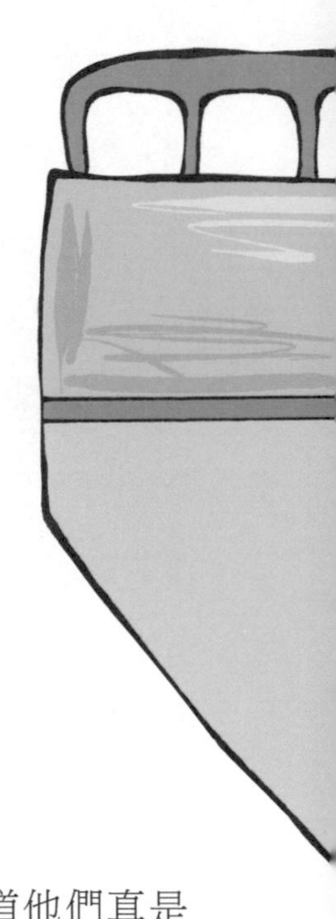

幽靈船的人到底哪裡去了

幽靈船上的人到底哪裡去了，一直是一個謎。難道他們真是被可怕的幽靈帶走，去了另一個世界或者時空嗎？答案當然是否定的。很多科學家分析說，是海洋的次聲波造就了無人船。當風暴和強風來臨的時候，很容易就會產生一種次聲波，這種次聲波殺傷力非常的強，可以使人疲勞、痛苦，嚴重的會使人失明，甚至會導致人死亡。或許你會說，活見不到人，死也要見到屍體啊！可能是因為次聲波很容易讓人產生恐懼，船上的人都跳進海裡解決痛苦，所以就形成了無人船。可是為什麼遭遇了如此大災難之後，很多船還完好無損，甚至看不出任何掙扎的痕跡呢？畢竟所有的說法只是猜測，凡是經歷過的人都沒有留下任何的線索，所以幽靈船的謎還是要等到未來才能解開！

莫名的水柱，將船隻擊沉

1965 年 4 月 29 日，在距離阿都里海邊大約 7000 公尺的海面上，突然冒出一個巨大的水柱。只見這個水柱直徑在 1 公尺左右，當時正好有一艘希臘貨船從水柱上方經過，巨大的衝擊力將它沖上了十幾公尺的高空。船員們在不知道究竟發生了什麼的情況下，被送向空中。大家惶恐萬分，船長馬上發出了請求支援的信號，這時候海水像暴雨一樣傾倒下來。不久，水柱開始一點點降低，所有船員都被拋出了船。救援人員及時趕到，船員們保住了生命，可是這艘巨型貨船卻沉入了海底。而這個莫名的大水柱究竟從何而來，一直無人知道。

哇，湖水殺人啦！

讓人無法呼吸的湖水

湖水殺人？聽起來似乎很正常，因為不管是什麼人，只要掉進湖中，都有被溺死的可能。可是，在太平洋巴布亞紐幾內亞的一個島嶼上，有一個茨基湖。相傳，人們只要站在湖邊，就很有可能莫名其妙地痛苦死去。世界上真的有這樣奇怪的事？

莫名其妙的呼吸困難，幾乎要昏死了過去

茨基湖是一個奇特的火山湖，雖然它內部的岩漿活動已經持續了數百年，而且山口還經常冒出白煙，卻一直沒有噴發，讓人疑惑不解。因此，同是海洋火山學家的奇爾頓和賴欽兩兄弟為了考察研究，便在2002年的8月初，啟程去往了茨基湖。

8月19日，天氣很好，山口也沒有冒煙，兩兄弟來到茨基湖的湖邊。他們有著明確的任務分工，哥哥奇爾頓的任務是考察茨基湖，可是當他帶上儀器划著橡皮艇來到湖中心的時候卻突然發現，由於電池受潮，用來探測湖水深度的聲納儀根本無法工作。不過，聰明的奇爾頓想了一個好方法，他將一塊大石頭搬上橡皮艇，根據石頭落入湖水以後的回聲，一樣可以準確地測量水深。這個時候，弟弟賴欽正在考察火山口的情況，突然間，他感覺胸口一陣發悶，呼吸困難，雙腿就像灌了鉛一樣沉重，根本無法挪動分毫。他拚命地張大嘴巴，卻發不出一絲聲音，就在眼前發黑，幾乎要昏死過去的時候，一陣涼風吹來，他就又神奇地恢復了正常。

哥哥奇爾頓毫無頭緒的突然猝死

對於突然出現又消失的感覺，賴欽十分奇怪，回到茨基湖邊，想問問哥哥到底是怎麼回事。然而這時，他看到了怎麼也想不到的情景：哥哥睜著大大的、通紅的兩隻眼睛，舌頭長長地伸出，同時雙手緊緊地抓住喉嚨，好像有什麼東西堵住了喉嚨，無法呼吸。賴欽摸了摸奇爾頓的胸口，已經沒有了心跳。後來，賴欽通過手機報了警，通過法醫的技術認定，哥哥奇爾頓身上既沒有任何的傷痕，也沒有發現任何導致猝死的心臟病和高血壓等等。最後，奇爾頓的死因竟然被認定成莫名其妙的窒息。經過與當地員警的交談，賴欽發現，在茨基湖附近的30多例猝死事件中，有六成以上都是發生在無風的時候，受害者往湖中拋下重物後窒息而死的。由於死因不明，於是哥哥奇爾頓被認定為是「意外死亡」，而不是光榮的「以身殉職」。為此，弟弟賴欽悲憤不已，他不能讓哥哥死得不明不白，並在心中對自己發誓，一定要找出殺害哥哥的「凶手」。

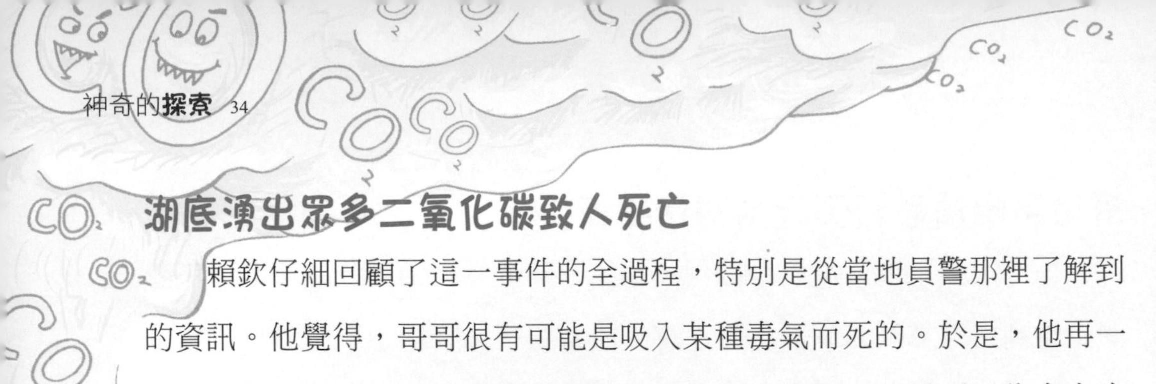

湖底湧出眾多二氧化碳致人死亡

賴欽仔細回顧了這一事件的全過程，特別是從當地員警那裡了解到的資訊。他覺得，哥哥很有可能是吸入某種毒氣而死的。於是，他再一次來到茨基湖，並且全副武裝潛入了湖底。在這裡，他看到了許多大小不等的洞口，並且每個洞口都在往外冒著一串串水泡，然而這些水泡卻不是直接上升到水面的，而是在距離湖底3公尺的地方，被一層看不見的東西擋住了。賴欽冷靜地將這裡的水樣裝進了隨身攜帶的玻璃瓶，並帶回研究所。經過化驗後他發現，從湖的底部洞口溢出的水泡中，含有濃度非常高的二氧化碳。而我們都知道，人體是需要呼吸氧氣來維持新陳代謝的。因此一旦空氣中的二氧化碳超標的話，那麼就很有可能造成肺部細胞被二氧化碳所阻隔無法吸收進氧氣，這樣一來，就會造成人的窒息死亡。茨基湖底的這些二氧化碳不能直接上升到水面上，因為被一層沉積在湖底的有機物攔住了去路，那天哥哥奇爾頓扔下的石頭，卻正好將這個有機物形成的隔離層砸開了一個洞。於是，大量二氧化碳爭先恐

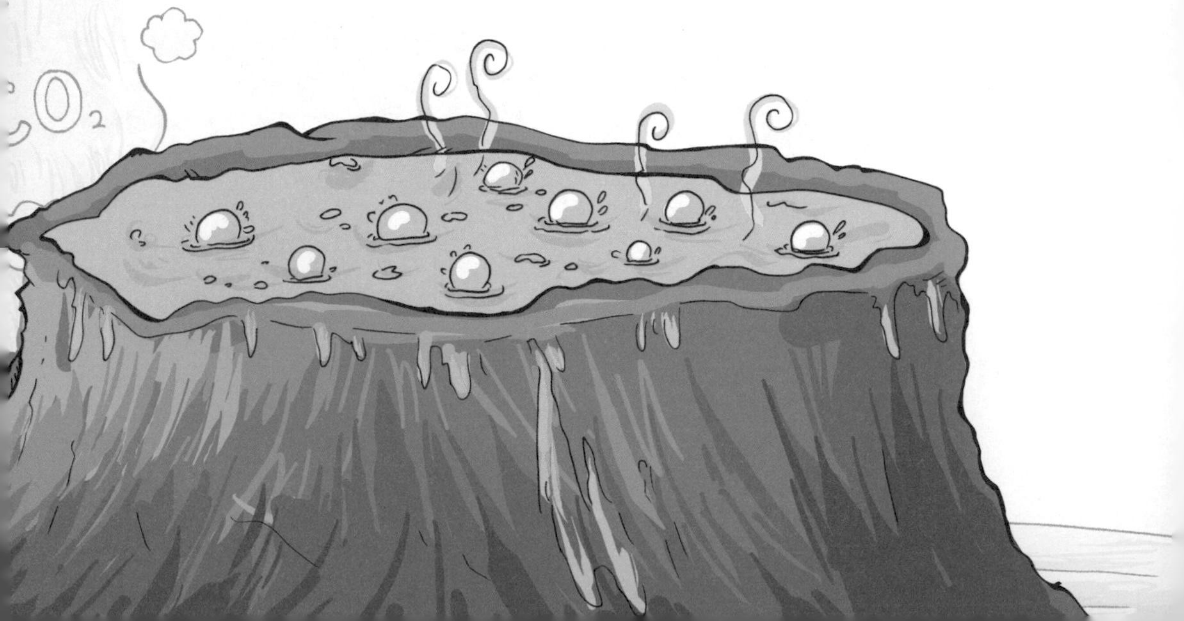

後地從破洞中湧了出來，造成了哥哥奇爾頓的死亡。而弟弟賴欽，則是由於一陣風吹散了這些噴湧而出的二氧化碳，保住了性命。

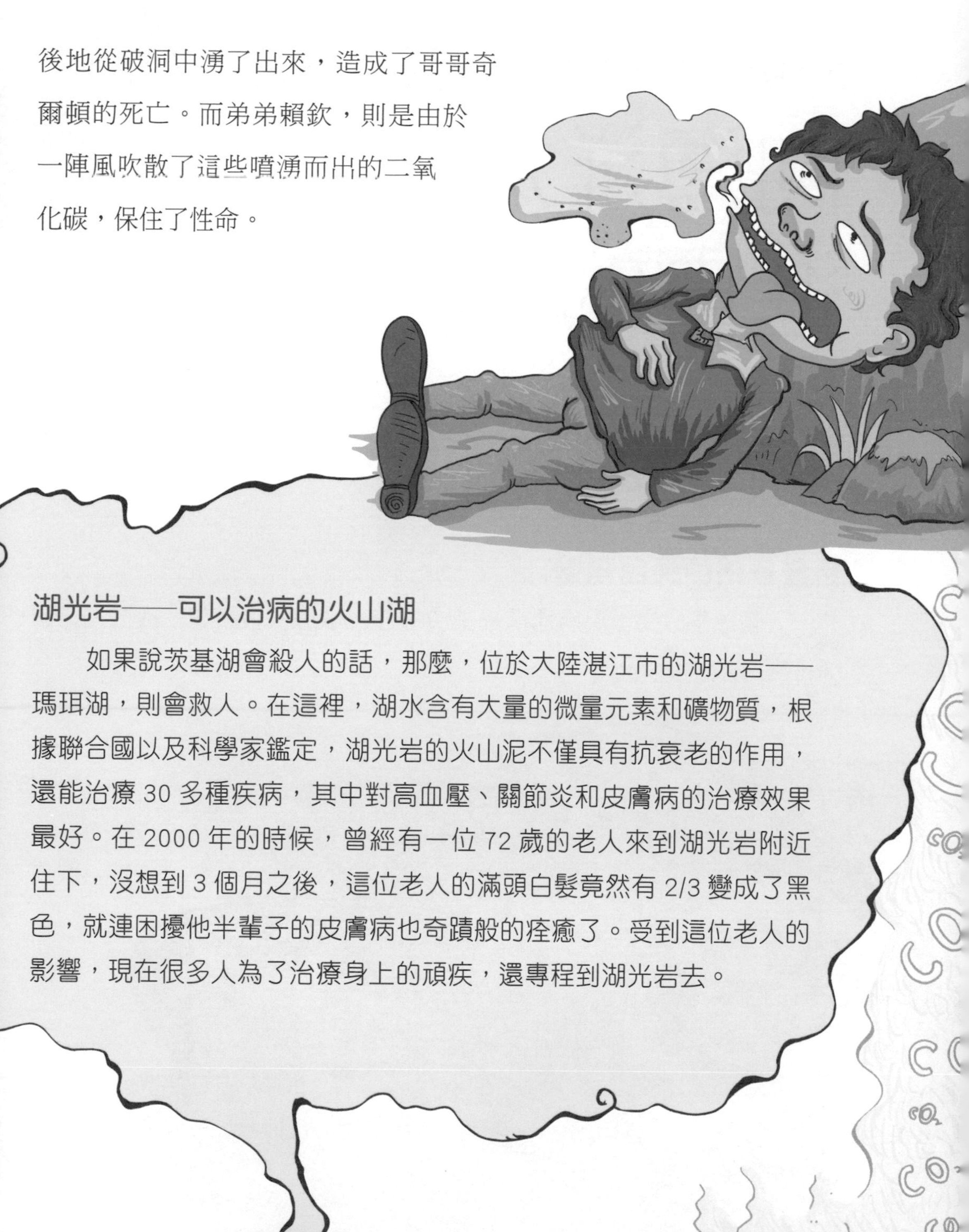

湖光岩——可以治病的火山湖

如果說茨基湖會殺人的話，那麼，位於大陸湛江市的湖光岩——瑪珥湖，則會救人。在這裡，湖水含有大量的微量元素和礦物質，根據聯合國以及科學家鑑定，湖光岩的火山泥不僅具有抗衰老的作用，還能治療 30 多種疾病，其中對高血壓、關節炎和皮膚病的治療效果最好。在 2000 年的時候，曾經有一位 72 歲的老人來到湖光岩附近住下，沒想到 3 個月之後，這位老人的滿頭白髮竟然有 2/3 變成了黑色，就連困擾他半輩子的皮膚病也奇蹟般的痊癒了。受到這位老人的影響，現在很多人為了治療身上的頑疾，還專程到湖光岩去。

啊，這麼多奇怪的魚！

向海洋深處進軍的勇士

浩瀚的海洋就像一本神祕的書，它是如此令我們好奇。很多年來，人們一直試圖去好好地了解海洋。儘管前方的探索之路充滿荊棘，甚至有時會與死神擦身而過，但是依然動搖不了想更加了解海洋的信念。

有驚無險的海底探險

人類最早向海洋深處進軍是在1931年，威廉・彼博和奧提斯・巴頓就是最早探索海底的人。

他們坐在一個被稱為球形潛水裝置的空心金屬球中，金屬球被繫在一條很長的繩索上。這個只有1.5公尺寬的球形裝置上裝了3個很厚的窗戶，這樣他們就可以清楚地觀察到海底的景象了。在這個狹小的空間中，必須安置下兩個人，還有電話、燈以及用來回收兩個人呼出的二氧化碳氣體的設備（如果在這個空間中沒有這個設備，人們就會窒息而死），其中任何一個地方出現問題，都很有可能讓這兩個人喪命。雖然已經做好了心理準備，可是他們依然十分緊張。

突然，「潛艇」地板上居然出現了一攤水！當時可把這兩位勇敢的先鋒嚇壞了，他們甚至絕望地以為自己再也看不到太陽。難道這是從球形潛水裝置滲漏進來的嗎？如果是這樣真是糟糕透了！因為任何的滲漏都會噴射出足夠大力量的高壓水柱，就像鐳射切物體一樣，「刷」的一下，就能夠把他們的身體切成碎塊。也許根本沒等他們反應過來，腦袋就會立馬離開脖子。天啊！要是這樣可真是太可怕了。還好，原來這只不過是由於他們呼出的空氣，在球形潛水裝置的內壁遇冷凝結成的水，然後滴到地上形成的。真是有驚無險啊！

見識海底中可怕的「怪物」

球形潛水裝置一直向下移動著，最深潛到水下923公尺。彼博和巴頓通過電話不時地把所見的情景告訴水面上的人。深海中的「怪物」身體都不大，可是看起來讓人寒毛聳立。

看，那是什麼東西？只有10多公分長，可是樣子卻很恐怖：全身長滿了豎著的刺，嘴巴那麼寬，感覺完全能夠吞下像牠身體那麼大的獵物，原來牠就是傳說中的寬咽魚。

還有一種看起來只有6公分長的蝰魚，只要牠張開嘴，就會看到牠那上下都往外凸，並且如刀尖般鋒利的牙齒。估計無論什麼東西到了牠的嘴裡，都一定會被咬得屍骨無存。蝰魚有一個合葉狀的頭骨，下頜可以轉得很開，從而吞下大獵物。牠的胃就像橡皮那樣有彈性，因此能吞下和本身同大的獵物，而且胃還能起儲存的作用，如果食品多了，就多吞食一些，放到胃裡儲存起來。

那條又細又長的傢伙是海蛇嗎？至少有兩公尺長。再仔細看看，還好只是從球形裝置上脫落下來的一段黑色膠皮管而已。

由於到達海底深處的光線很少，所以水下發光的魚就像夜空中閃亮的星星，但是很難被發現。原來，牠們身體下腹的特殊細胞能夠發出和上部海域海水完全一樣的藍色。然而，有一種特殊的魚能夠看到牠們，所以經常會找到並匆匆吞下這種幾乎無法被發現的星光魚。除此之外，幾乎其他任何生物都發現不了牠們。

水壓太大而引起爆炸的長尾鯊號

雖然人們在海洋中並不能像魚兒那樣自在安全，可是依然有無數人對探索海洋抱有期待。1963年，一艘嶄新的美國海軍潛艇在正式投入使用之前進行海底試驗。試驗過程中，它的核動力設備運行時出現了錯誤，導致安全系統發揮了作用，使得反應堆被切斷。這樣通常不會出現大問題，但是在沒有正常浮力和動力的情況下，潛艇就像脫了線的風箏，迅速下沉，速度越來越快，越來越深。它的船體設計深度為水下300

公尺，可是到了這個深度的時候，它根本沒有停下來，還在繼續下沉。潛艇裡的人感覺到死神越來越近了……

突然，潛艇失去了與陸上無線電信號的聯繫，水壓變得如此巨大以至於不斷擠壓船體，使船的外殼完全被擠壓到了內部。船體後方的金屬裝置當然就首當其衝，水牆爆炸式地掃向船員住宿間和其他各個控制室。在兩秒鐘以內，船體就被水沖散，全體船員共129人全部沉沒海底，無一人倖免。

科學在不斷發展，海底依然如此神祕。相信總有一天，知識能夠戰勝海底中的「恐怖」，人們能夠以更安全的方式與海底接觸並加以了解。

深海潛水器——迪裡亞斯特號

迪里亞斯特號是一種球形潛水裝置，它就像是一艘水下飛船，船頂的罐裡充滿了比水輕的汽油，但由於是液體，不能壓縮。像迪里亞斯特號這樣的潛水裝置可以在大洋底部四處遊逛，甚至可以到達大洋的最深處，即極限深度，就是在菲律賓東南部棉蘭老島海溝底部的將近 12 公里的地方。

哇，海底吸人太可怕了！

吞噬活人的
海底墳墓

在挪威沿海的荒蕪半島上，一個海灣曾吞噬過很多潛水夫和過往船隻。據說，在海灣的下面，有座巨大的墳墓，數百年來成百上千的人被埋葬於此。那麼，海底墳墓裡到底潛藏著什麼呢？是童話故事裡施展妖法，面目猙獰的老巫婆？還是神通廣大，專門喜歡吃人的海底怪獸？人們進行著各種千奇百怪的猜測。

會吸人的海底墳墓

故事發生在1980年，當時挪威在這個海岸附近組織高難度的懸崖跳水比賽。之所以選中此處跳水，是因為這裡三面環水，一面是山，風景秀麗，而且懸崖下的海水深不見底。許多獵奇者從四面八方趕來，他們坐在遊艇上，準備觀看這場精采絕倫的比賽。隨著發令槍響，30多名跳水運動員飛下懸崖，同時做出各種各樣的動作，最後鑽入深不見底的大海。觀看者紛紛為運動員們拍照。然而，誰也不會想到，這竟是運動員留給人們的最後的照片。半小時後，這場跳水比賽變成了「跳向墳墓的比賽」，此處的海面彷彿是通向墳墓的門，30多名運動員跳入「墳墓大門」之後，再也沒露出過水面。

次日淩晨，一名經驗豐富的潛水夫配帶安全繩和通氣管下海探索。當安全繩下降到5公尺時，海底強大的力量立刻把潛水夫、安全繩及船上的潛水救護裝置全部吸進海底，整個過程只短短幾分鐘的時間，很多觀眾都親眼目睹了這可怕的場景。後來，組織者又派出救援人員，然而幽藍深邃的海水像貪得無厭的怪獸，張開巨口將他們統統吞入海底，被派遣去的救援人員全都有去無回。無奈之下，組織者向熟悉這帶海水的地質學家們請求救援。地質學家們調查研究後發現，這個半島所在的海域恰好是暖流和寒流交匯的地方。當冷暖兩種海水交匯時，會形成強大的漩渦，類似陸地上的颱風。它發生在水底，並把附近的人和物體都捲入渦心，帶到水下。

腳上拴著鐵鍊的屍體

組織者派出的救援人員都被海水吞噬，萬般無奈之下，他們請求美國派海底潛水調查船增援。當時的調查工作由地質學家豪克爾遜主持。潛水調查船潛入水底後，他在電視監控器前不停地搜索著海底。突然，他發現在離船不遠處有股異常強大的潛流，在潛流中不僅發現了30名運動員和2名潛水夫的屍體、那艘微型潛艇，而且還發現不少腳上拴有鐵鍊的屍體。他們甩著長長的鐵鍊順著潛流快速流動，此外，也有很多屍體被鐵鍊拴在海底的巨石上，死狀千奇百怪，死者面目猙獰。那麼，這些被拴上鐵鍊的屍體是從哪裡來的呢？難道是被詛咒的靈魂？豪克爾遜大為驚訝，他不敢相信自己的眼睛，最後用監視器攝像機攝下這一奇景。

他們向熟知挪威歷史的學者們請教，原來這個半島曾經是座大監獄，遭流放的犯人們被押來此處看守。當時每年都會有不少犯人死在這裡，而小島面積有限，於是看守們就把這些死去的囚犯扔下懸崖，投入海底餵魚。年歲漸久，海底便積累了許多屍體。也有很多囚犯因為受酷刑，被活生生投入海底後，看守怕他們還會逃命，便給他們綁上巨石，讓其隨著巨石沉入海底。

世界上最長的水下洞穴

2008 年，墨西哥兩名潛水夫在尤卡坦半島發現水下洞穴。它全長約 153 公里，是目前世界上最長的水下溶洞。尤卡坦半島曾是史前古瑪雅王國的所在地，考古學家們在水底最深處發現了他們留下的遺跡，包括保存完好，砌在石壁邊上的爐灶、石器時代的石桌以及陶器等等。地質學家們認為，水下洞穴的形成與地質有關，這裡多是海綿般的石灰岩，容易被偏酸性的雨水侵蝕，形成溶洞。

那是什麼？是蛇嗎？

能夠困殺船隻的 馬尾藻海

在美國的東部海域之中，有一塊約為500萬平方公里的特殊水域。在這裡，漂浮著大量的馬尾藻，因此被人們稱為「馬尾藻海」。可就是這樣一片看上去綠油油、沒有任何威脅的海洋，卻讓許許多多船隻葬送在此。

漂浮在海洋上的「綠色草原」

1492年，義大利航海家哥倫布發現了美洲新大陸。在這一年裡，圍繞在百慕大周圍的那片能夠吞噬過往船隻的馬尾藻海，也出現在了人們的視野之中。

一天，風和日麗，哥倫布的探險船隊正行駛在一望無際的大西洋上。突然，從遠處飄來了一股令人作嘔的臭味。人們順著臭味飄來的方向看去，發現那雲霧縹緲的海面盡頭，竟然有著一大片綿延幾公里的綠色「草原」。這個時候，哥倫布和他的船員們都欣喜若狂，以為他們一直夢寐以求的印度就在眼前。可惜，他們拚命到達了那裡以後才發現那根本就不是什麼「草原」，而是一片綿延幾千公里的海藻，這片海域，就是今天臭名昭著的馬尾藻海。

馬尾藻，是一種大海中常見的藻類。牠擁有一個氣囊，可以讓自己漂浮起來，就像普通的海草一樣長在海面。牠擁有長長的莖葉，下面的根須附近全生存著許多小魚，而這些小魚，會散發大量的腥臭味。

長有章魚腳上吸盤一樣的海草

雖然哥倫布一行人已經知道了面前的那片綠色「草原」的真面目，但是為了一直向西走，哥倫布決定橫穿這片綠色的海洋。而當時他並不知道，就是這個決定，讓他們差點兒葬身於此。

探險船隊隨著哥倫布的一聲令下，勇猛無畏地開進了馬尾藻海域。可在他們進入了馬尾藻海域還不到一天，就有船員發現不對勁了。因為自從他們進入這片綠油油的海域之後，行進速度似乎變得越來越慢。到了最後，他們的船被海面的馬尾藻死死纏住，根本無法前進分毫。當天夜裡，一位船員正在甲板上打掃衛生，他突然發現有許多像白蛇一樣的物體，彎曲著自己的身體，悄悄地爬上甲板。

「噢！上帝，我看到了什麼？」這個船員大聲叫喊著，同時操起手中的掃帚，竭盡全力地朝那些「白蛇」的頭部打去。隨著這位船員的大聲叫喊，其他船員也很快跑了出來，一同加入到這場打「白蛇」的行動中來。等到了天亮以後，人們仔細一看，昨天晚上看到的「白蛇」，竟然是一種與章魚腳上吸盤類似的海草，所有人不寒而慄。這個時候，哥倫布果斷地對所有船員說道：「我們必須趕快離開這個鬼地方，要不然早晚會成為惡魔的點心。」

於是，在哥倫布的帶領下，所有船員齊心協力，終於在一個多月後，駛出了那片噩夢一般的海域。

出現在馬尾藻海上的葡萄牙船隻

哥倫布和他的船員們靠著自己的力量，最終駛出了那片可怕的馬尾藻海域。但是對於後來的一艘葡萄牙船隻來說，卻沒有這麼幸運了。在15世紀末和16世紀初，葡萄牙是當時僅次於西班牙的航海大國。哥倫布發現美洲新大陸的消息傳到葡萄牙後，葡萄牙國王立即下令派遣探險隊啟程前往那片神奇的大陸，可惜的是，那艘船出發之後就再也沒有回來。幾十年以後，當葡萄牙國王再次派遣的船隊路過馬尾藻海的時候，才發現了那艘探險船隻的殘骸，還有漂浮在海面上的一個船長手記密封盒。當人們打開這個盒子，翻看船長手記時，發現了一段不為人知的記載：「這也許是我最後一次寫日記了。我們被困在這片布滿綠藻的魔鬼海域已經快兩個月了，也就是說，我們至少餓了半個月了。船員們都有氣無力地躺在甲板上。那些該死的惡魔觸手似乎察覺到我們的虛弱，開始了再一次的進攻。不過這一次，我們已經再也沒有能力打退牠們了，全身乏力的我們，只能眼睜睜地看著牠們攀爬到自己身上，吸食我們的血肉。」

會犯錯誤魚的馬尾藻魚

馬尾藻魚，是一種專門生活在馬尾藻密集的地方的小魚。在牠的身上布滿了白斑，這種顏色與馬尾藻的顏色幾乎一致。不僅如此，牠還長著一種「葉子」一樣的附屬物和一對十分奇妙的鰭。這對鰭可以相互配合，靈活得就好像是我們人類的手一樣，可以抓住牠們賴以生存的海藻這種魚有一種十分特別的捕食方法，就是在牠那長滿了牙齒的嘴巴上懸著一個肉疙瘩，就如同誘餌一般，不斷引誘著一些不知情的小魚前來送死。如果遇到了別的動物攻擊時，馬尾藻魚會吞下大量的海水，把身體脹得鼓鼓的，以至於如果攻擊者不把牠從嘴裡吐出來，就會被活活地憋死。

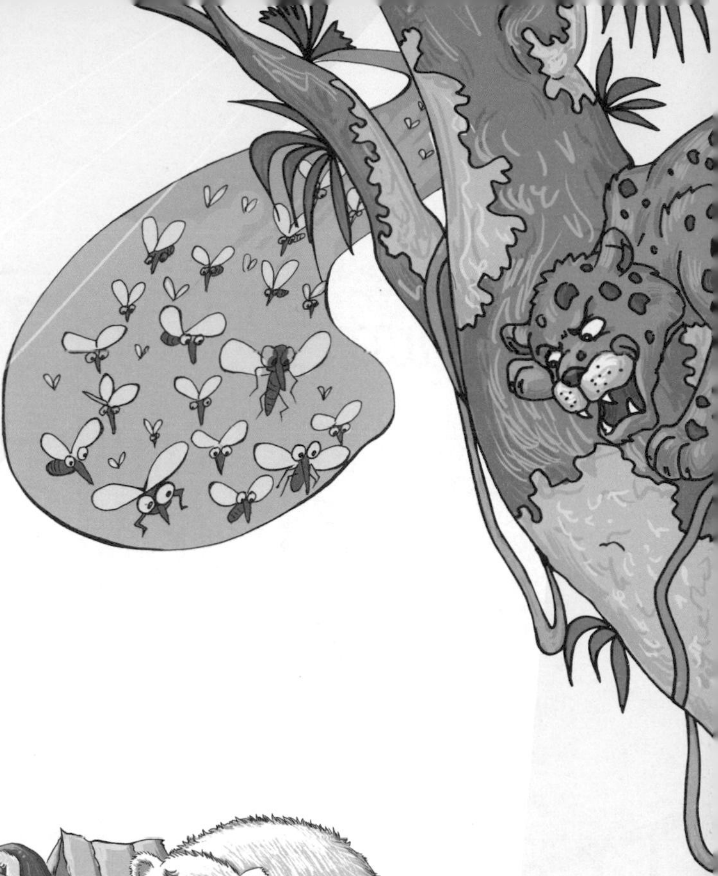

陸地探索

可怕又刺激的探險

與猛獸同行——非洲探險

在非洲，有海闊天空、綠色無邊的大草原，也有寸草不生、人煙稀少的大沙漠。那裡有陸地上最威猛的獅子，最密集的象群，也有天空中最凶猛的雄鷹，最聰明的埃及禿鷲。想去遼闊的非洲大草原順風馳騁嗎？敢同善於奔跑的獵豹一較高下嗎？想看看原野上奔跑著的豹子、鬣狗如何追捕逃竄的鹿群嗎？讓我們去神祕的非洲探險吧。

食血的蟲子和鳥

在草地上走一陣子，你可能「有幸」遇到這樣的事情：感到腿上癢癢的，或者發現有一些極小的葡萄似的東西黏在腿上。這就是扁虱，一種類似於蜘蛛的小生物，牠們能把釘子一樣的頭鑽進人體內吸血。更危險的是，還會讓血液受到感染，因為

扁虱能夠傳播「扁虱傷寒症」。要去掉身上的扁虱，只需直接把牠們拔下來即可。最好是用鑷子拔，千萬不要扭著拔，否則可能會把牠們的嘴扭斷，而留一半在皮膚裡，導致局部化膿。那樣麻煩就大了！如果扁虱叮得實在太緊，就在上面滴一滴凡士林，這會迫使牠把頭退出皮膚來呼吸，這樣就容易將牠拔掉了。

除了吸血蟲，非洲草原上還有吸血的牛椋鳥。長頸鹿和水牛都喜歡讓牠停在背上，因為這些牛椋鳥可為牠們除去身上吸血的蝨子，讓牠們感到很舒服。然而，長頸鹿和水牛卻不知道，牛椋鳥啄去牠們身上的蝨子後，還會經常啄開牠們的皮膚，弄大傷口，因為牛椋鳥也喜歡吸食血液。只是，這種鳥對人的威脅不大，牠們很少攻擊人，也很少吸食人的血液。

非洲草原上的豹子

草原上有很多凶猛的動物，如獅子、豹子及鬣狗等。其中，獵豹是陸地上奔跑最快的動物，速度可達每小時112公里，牠們從起跑到達最大速度也只需要4分鐘。因此，一旦進入獵豹的捕食範圍，普通人想逃脫幾乎不可能。獵豹的體形為了適應高速的追逐而變得修長，爪子無法像其他貓科動物那樣隨意伸縮，因此無法和其他大型獵食動物如獅子、鬣狗等對抗，辛苦捕來的獵物經常被搶走。非洲的馬塞族人對獵豹也不太友善。馬塞族是遊牧民族，

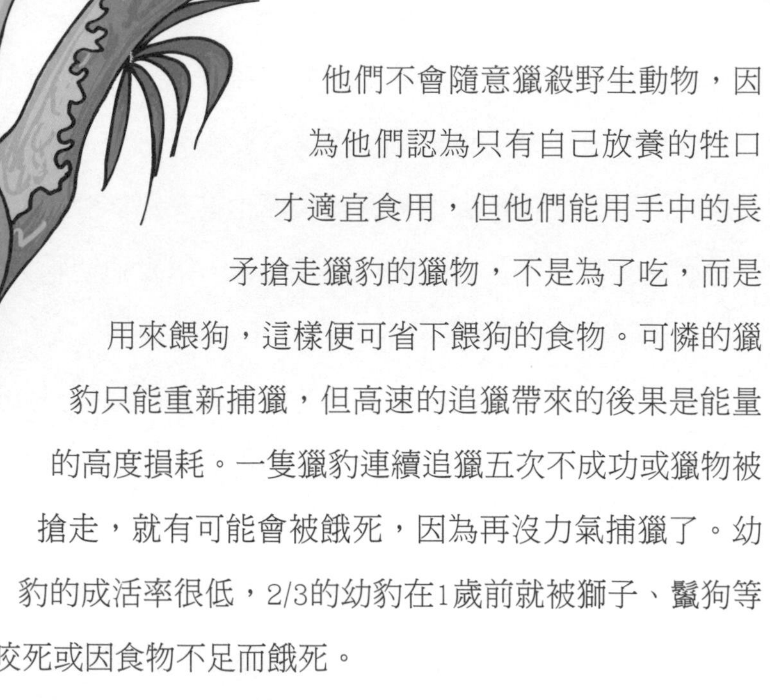

他們不會隨意獵殺野生動物，因為他們認為只有自己放養的牲口才適宜食用，但他們能用手中的長矛搶走獵豹的獵物，不是為了吃，而是用來餵狗，這樣便可省下餵狗的食物。可憐的獵豹只能重新捕獵，但高速的追獵帶來的後果是能量的高度損耗。一隻獵豹連續追獵五次不成功或獵物被搶走，就有可能會被餓死，因為再沒力氣捕獵了。幼豹的成活率很低，2/3的幼豹在1歲前就被獅子、鬣狗等咬死或因食物不足而餓死。

吞噬生命的沼澤地

大草原上分布著很多湖泊，有些看似平靜的淺水湖，其實是致命的沼澤地。天降大雨，路面變得泥濘，探險隊寸步難行。原本風馳電掣的越野車也只能在原地打轉，車輪旋轉著，帶起泥漿四處飛濺，漸漸地汽車歪向一邊，隨時可能滑倒，亦或越陷越深而被吞沒在泥沼裡。眼前地勢平坦的淺水湖，其實暗藏著無數的危險，很多不知情的動物和人就這樣被泥濘的沼澤吞噬，消失得無聲無息。

曾有河馬群長途跋涉到這裡，歡快地撲進這方圓十里唯一有水的泥潭裡。然而，不幸的事發生了，最先到達的河馬躍進泥沼後，身體一點點下沉，其餘的河馬以為牠在潛水，都跟著跳進去，可是當牠們意識到身體被強大的吸力吸入泥潭深處而無法自拔時，都開始拚命地掙扎，並且發出淒厲的叫聲。然而，泥漿漸漸漫上來，流進嘴裡，最終蓋過頭頂，河馬群就這樣消失了。唯有幾隻還沒來得及入水的河馬站在岸邊，呆呆地看著眼前的恐怖景象，竟然忘記了逃跑。

非洲獅子捕食大象

獸類中最凶猛的獅子與「草原之王」大象素來和平相處，互不侵犯。然而，在非洲的波札那北部卻時常發生獅子獵食大象的情況。波札那北部約有 13 萬頭大象，占全球大象總數的 1/4。白天，大象通常成群活動，獅子不敢輕舉妄動，但到了晚上，大象的夜視能力不佳，反應變慢，獅子便會乘機出動，偷襲落單的幼象。從獅子鎖定目標到撲倒幼象，有時甚至只需 30 秒，勇猛異常。

廣闊無垠的非洲大地遍布著奇特而凶猛的動物，與牠們同行，旅行者會驚嘆生命的驚險與神奇。

哇，看見駱駝了！

可怕的沙漠

遼闊的沙漠上，鳥獸絕跡，人跡罕至。由於沙子熱容小，所以晝夜溫差大，白天炙熱烤人，夜晚又寒風刺骨。在一望無際的沙漠上，常常會看到累累的白骨散亂地分布著，偶爾被過往的路人收集起來，放在路邊。這些白骨都是在沙漠中遇難的人被風乾後的屍骸。沙漠中到底有什麼可怕的東西呢？我們去探個究竟吧。

活埋行人的沙暴

駱駝商隊行走在沙漠中，忽然前方地平線上出現漫天黃沙，並迅速地朝這邊推移過來。駝隊的頭目和嚮導告訴大家沙塵暴近在眼前。眾人還沒來得及安頓下來，沙塵暴便呼嘯著從頭頂漫過。駱駝絕望地嚎叫著，閉上眼睛，關閉鼻孔，背著風向把頭埋進沙堆裡。火辣辣的沙子如雨點般襲來，彷彿鞭子抽打在行人臉上，使人難以睜開雙眼。此時到處都是風沙，沒有地方可以躲避，除非準備了帳篷，否則很可能被風沙活埋。也有人曾躲在駱駝的身後避風，可是當巨大的駱駝翻身壓在他身上後，結果就可想而知，那人被活活壓死了。沙塵暴把遠方的沙子帶到這裡沉積，有時厚度可達3、4公尺。駱駝商隊駐紮在沙丘後避風，此時沉積下來的沙子已齊腰深，趁它還沒有埋到脖子之前，最好換個地方，因為駝隊裡的人都清楚的記得路邊那些白花花的骷髏，那些就是這麼被活埋進沙裡，最後風乾的。

沙漠中為何會有如此大的風？這主要是因為沙漠中氣候常年乾燥，很少下雨，太陽直射地面，受熱的地方氣壓低，而沒有受熱的地方氣壓高，於是大氣從氣壓高的地方流向氣壓低的地方，形成大風。大風吹過時，捲起地面被晒乾的沙塵，它們彌漫在空中就形成了沙塵暴。

沙洲上的怪叫聲

夜晚在沙丘上行走時，會聽到各種奇怪的聲音響徹沙漠。似乎身後總有個身影跟隨著，當停下腳步後，那聲音也隨即停止，可繼續前行時，它又會響起來。有時像收音機轟鳴，有時像嬰兒哭泣，有時又像電閃雷鳴。可是轉身後，卻發現身後空無人影。如果隻身行走在曠野，定會被這種情景嚇得毛骨悚然，感覺頭頂的天空總有雙眼睛盯著看。前蘇聯尼科波爾城附近的沙灘也有怪叫聲，每當夜晚起風的時候，人們在沙洲行走就會聽到清楚的嘯聲，彷彿怪獸嘶吼，迷信的人甚至以為牠們是遊蕩的孤魂野鬼。

那麼，它們究竟是什麼呢？原來，沙粒之間有空隙，當人在沙粒上行走時，踩壓沙粒，擠壓空隙，導致有的沙粒空隙變小，其中的空氣被擠出；有的地方空隙變大，導致空氣進入。在空氣進入不同沙粒間隙時，產生振動，於是形成聲音。另外，沙丘內部有個密集而潮溼的沙層，它的上面和下面都是乾燥的沙層，形成天然共鳴箱。沙粒間隙中振動產生的響聲通過共鳴箱增大，於是走在沙洲上的人們就能聽到特別大的響聲。

乾旱沙漠中的死神

沙漠中也有極少的動物能生存下來，其中便有角蝰蛇。走在沙漠中，行人可能會突然感到腳下軟綿綿的，似乎踩在肉堆上。然後就發現腳下的沙子在扭動，那是隱藏在沙子裡的角蝰蛇，牠們行動敏捷，若不小心被牠咬傷，很可能會中毒身亡。

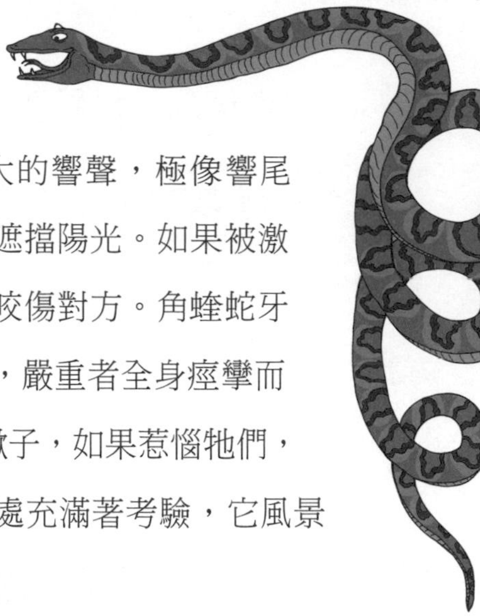

角蝰蛇全身長著非常堅硬的鱗甲，以適應高溫的沙漠。牠爬行進會發出很大的響聲，極像響尾蛇。牠的眼眶上長著一對刺狀的鱗片，能遮擋陽光。如果被激怒或者受驚嚇，牠會以迅雷不及掩耳之勢咬傷對方。角蝰蛇牙齒中釋放的毒液能使人的心臟和肌肉中毒，嚴重者全身痙攣而死。除此之外，沙漠中還有爬行的蜥蜴和蠍子，如果惹惱牠們，你的處境也會非常不利。乾旱的沙漠中到處充滿著考驗，它風景奇特，卻暗藏危險。

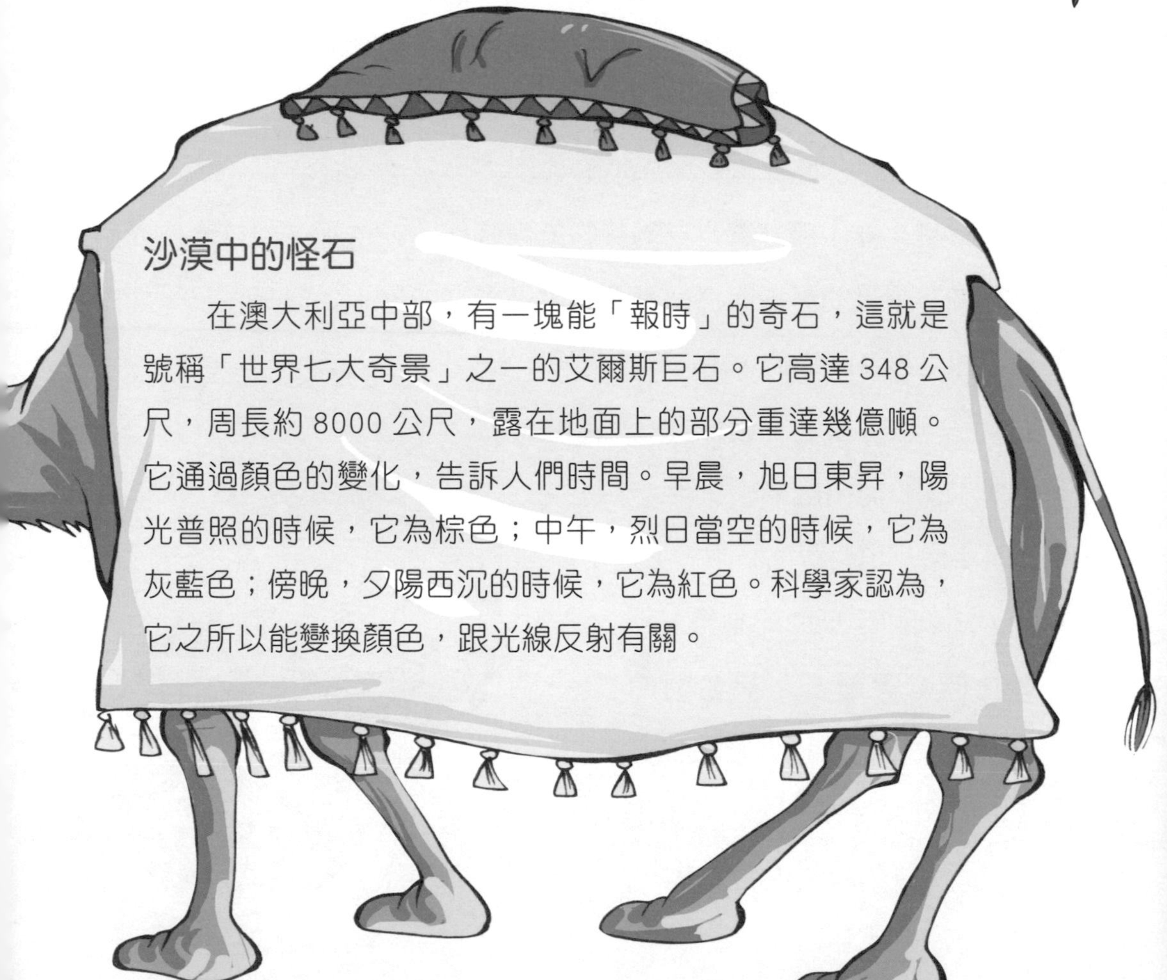

沙漠中的怪石

在澳大利亞中部，有一塊能「報時」的奇石，這就是號稱「世界七大奇景」之一的艾爾斯巨石。它高達 348 公尺，周長約 8000 公尺，露在地面上的部分重達幾億噸。它通過顏色的變化，告訴人們時間。早晨，旭日東昇，陽光普照的時候，它為棕色；中午，烈日當空的時候，它為灰藍色；傍晚，夕陽西沉的時候，它為紅色。科學家認為，它之所以能變換顏色，跟光線反射有關。

哇，氣勢宏偉的「世界屋脊」

高原之旅

在整個亞洲的中心地帶，喜馬拉雅山脈、喀喇崑崙山脈、崑崙山脈和興都庫什山脈等幾條山脈都在此匯合，因此形成了一個巨大的山結。這裡雪峰群立、氣勢宏偉，這就是與青藏高原同稱為「世界屋脊」的帕米爾高原。

同一座山峰出現的兩種截然不同的狀態

在19世紀末的時候，英國對印度的統治不斷加強，同時也將目光投向了中國西部的帕米爾高原。於是，在英國政府的指派下，當時作為英國陸軍軍官的揚哈斯本來到了新疆。

喀喇崑崙山脈有著自己獨特的氣候條件。在這裡，由於南坡受到來自印度洋季風的影響而溫暖溼潤，生長出許多樹木；但是在另一面的北坡，卻是極為乾燥的，由於缺水乾冷，就形成了一片戈壁的荒蕪景象，就像揚哈斯本在日記中記載的那樣：「我簡直不敢相信自己的眼睛，上帝作證，那就好像巫師的巫術一樣，那種鬱鬱蔥蔥、生機勃勃的景象，讓我實在難以把它和它背後的荒涼景象聯繫在一起，可實際上，它們就是同一座山峰的正反兩面。」

讓人惡心嘔吐的高原反應

經過幾十天的行走，揚哈斯本一行人終於穿越了喀喇崑崙山脈，進入了世界最高的山脈——喜馬拉雅山脈。在這裡，他們遇到開始進入帕米爾高原以來最為嚴苛的挑戰，因為這裡有著世界上最複雜的地質構造和最為稀薄的空氣濃度。就像揚哈斯本提到的：「這裡實在是太美妙了，讓我無法用任何言語來形容，我只能跪伏在地，深深地讚嘆造物主的神奇。是祂，用手中的利斧，將一座座山峰，劈砍得那樣的齊整；也是祂，在平整的大地上挖掘出了一條又一條深不見底的峽谷深淵。當然，這些並不是主要的，現在我們遇到了一個大麻煩，那就是高原反應。該死的，這個可惡的高原反應就像是一個始終徘徊在我們身邊的魔鬼，不斷地吸取我們體內的生命元素，讓我們的體質下降。我已經不記得到底是從什麼時候開始了，我的心跳變得越來越快，每次只攀登了不到平常一半的距離，就會變得氣喘吁吁，上氣不接下氣，而且還會時常伴著頭暈和惡心嘔吐等症狀。甚至，我還能清晰地聽到自己肺中搖晃不停的水聲。老天，我有時都在忍不住地幻想，肺裡面的水會不會把我的肺泡爛，就像河水裡的屍體一樣？」

高原冰河，能夠將人整個吞沒

一年就這樣過去了。揚哈斯本和他的幾個助手在這一年中，就像是一個個野人，在帕米爾高原中穿行著。餓了，他們就去獵殺動物，或者是採摘野果吃；渴了，就從高山上抓上一把還沒有融化的冰雪塞進嘴裡。就這樣，他們的足跡不斷地踏向每一個人類從未駐足過的地方。攀登崇山峻嶺、跨越深溝峽谷，幾乎已經成為他們日常生活中的一部分了，而就在即將結束這一次帕米爾之行的時候，神奇的大自然給他們出了最後一道難題。

冰河——在高原地區，由積雪變質而成，沿著地面自行流動的冰體——出現了。橫在揚哈斯本他們一行人面前的，是一條長達幾十公里的巨大冰河帶，和原來碰到的透明冰塊不同，這裡的都是些不透明的白色堅冰。面對這樣的冰河，每個人都不敢輕舉妄動，因為他們曾經親眼目睹過冰河將人整個吞噬的場景。那個時候，一整條冰河就好像是一道巨大的浪花一般，咆哮著從山上直沖下來，速度之快，讓人咋舌。不一會兒，那巨大的冰塊和白色的雪就把人吞沒了，人根本就沒有任何逃生的可能。最終，揚哈斯本為了安全起見，繞到冰河的源頭，多走了幾十公里的路，才結束了他們這一次長達一年多的帕米爾之行。

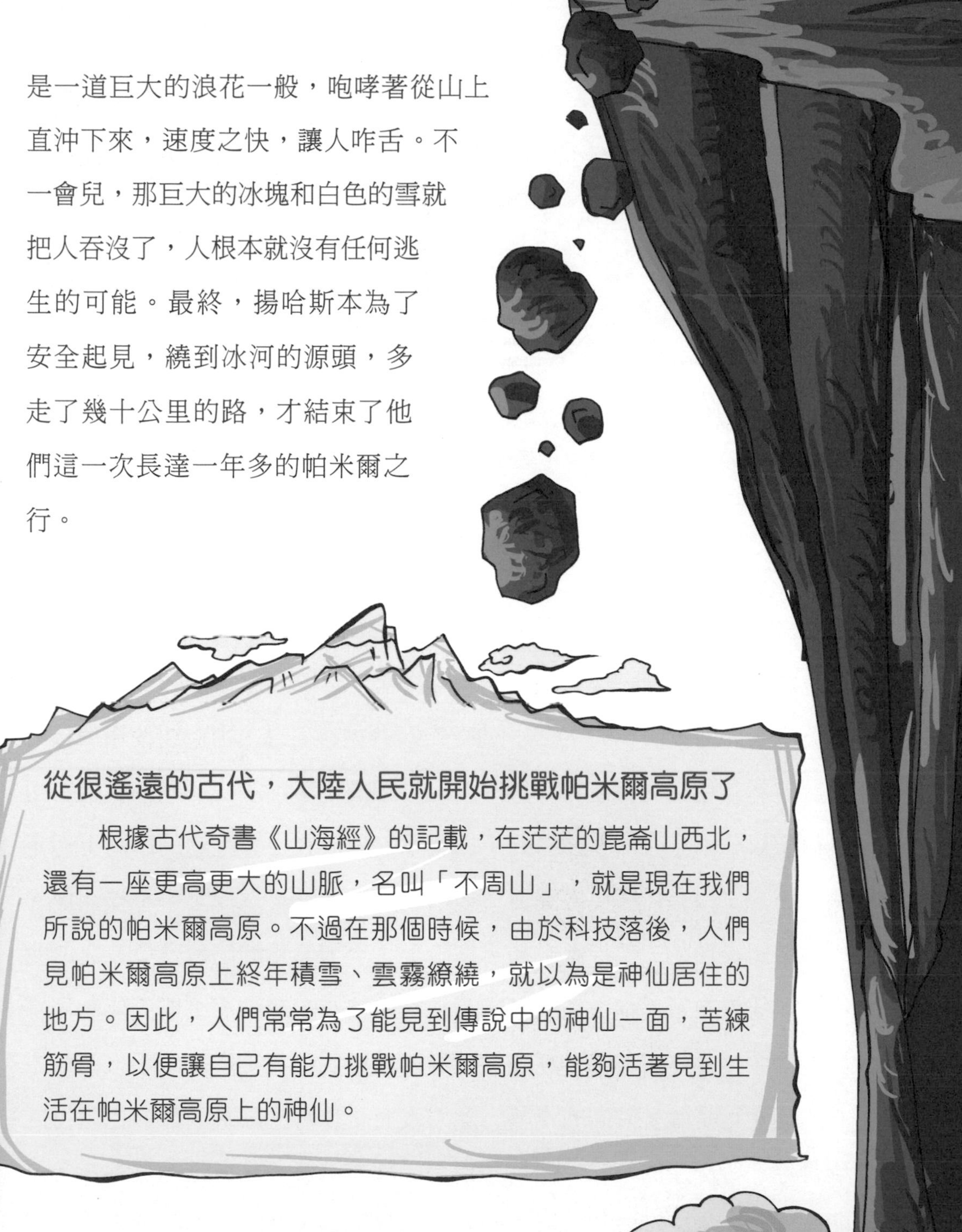

從很遙遠的古代，大陸人民就開始挑戰帕米爾高原了

根據古代奇書《山海經》的記載，在茫茫的崑崙山西北，還有一座更高更大的山脈，名叫「不周山」，就是現在我們所說的帕米爾高原。不過在那個時候，由於科技落後，人們見帕米爾高原上終年積雪、雲霧繚繞，就以為是神仙居住的地方。因此，人們常常為了能見到傳說中的神仙一面，苦練筋骨，以便讓自己有能力挑戰帕米爾高原，能夠活著見到生活在帕米爾高原上的神仙。

這裡真的好冷啊！

極度寒冷的危險雪域

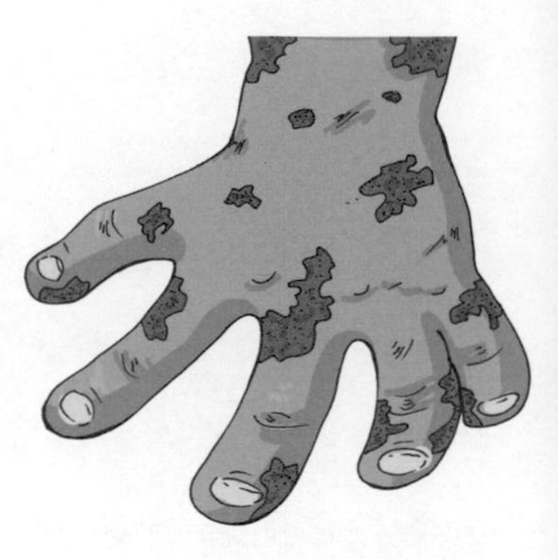

在地球上，總是有很多高聳入雲的山峰。很多探險家不顧自己的生命安危，哪怕歷經雪崩、冰裂的考驗，也要踏上白雪皚皚的冰峰，並攀登上從來沒有人涉足的峰頂。這些探險的人，有些成功了，有些雖努力卻一直未能如願。冰峰就像一個高高在上的女王，一直俯視著為她努力奮鬥的探險家們。

經歷凍傷的探險家

法國的莫里斯．赫宗是個登山愛好者，無論多麼艱苦的登山活動都能夠完全將他吸引。1950年，他從安娜普納峰下行，由於要使用海拔氣壓計，於是他就從背後的背包中取出，順便還拿出了一杯壓縮牛奶，可是這時候一不小心，手套掉到了山崖下。對於在白雪皚皚的冰峰上行走的人來說，沒有什麼比手套更重要的了。因為它可以保護手不被凍傷，一旦手組織壞死，手指就必須要切除了，否則產生的壞疽會危及人的生命。如果沒有了手指，那是多麼可怕呀！沒有手套的莫里斯只能夠用裸露的雙手接觸岩石和雪，剛開始還能夠感覺到被凍得通紅的手上傳來揪心的疼，可是隨著時間的推移，竟然沒有了疼痛的感覺，最終他堅持回到營地。等到達的時候，他的手指上已經布滿紫色、白色的斑點，像木頭一樣硬，後來實在沒有辦法，為了保住他的生命，只能將大部分的手指切除。

有一個名叫埃裡克・辛普頓的英國登山者腿部凍傷時，他的嚮導把乳酪和氂牛糞燃燒的灰燼和在一起，做成一種膏狀物，不斷地為他按摩。因此他的腿沒有被切除，終於保住了。

讓你的身體適應雪域

如果你是一名登山愛好者，在登山的時候，可能會遭遇各種災難。你做好應對所有困難的準備了嗎？

當你在白雪皚皚的雪域中行進的時候，如果沒有戴墨鏡，你可能會感覺到眼睛裡有粗砂在摩擦，然後就會不停地流眼淚，閉上眼睛很疼，如果要睜開眼睛就要忍受雙倍的疼痛。雪域的溫度一向很低，所以在你被凍得不停顫動時，就有可能發生下面這種情況——失去身體的協調功能，最終會昏迷不醒。如果不及時讓身體暖和過來，必死不疑。所以為了避免遇到這樣的情況，一定要多穿保暖的衣物，使自己的身體一直處於溫暖的狀態。

登山的時候，身體不斷以出汗和呼氣時呼出小水珠的形式失去水分。紅血球的密度增大，血液就會變得更加黏稠，甚至無法流通而結塊。這時，大腦就會產生難以忍受的疼痛，甚至導致死亡。所以為了避免水分過多地流失，每天都要多喝水。

遭遇雪崩的登山者

雪崩是登山者遇到的主要風險之一。1922年，一個英國探險隊攀登珠穆朗瑪峰時，突然發生了雪崩，咆哮的雪就像魔鬼一樣從山上一湧而下，整個探險隊還沒來得及做任何反應，9名登山者就被捲入雪崖下。走在最前面的喬治・李・馬婁裡本人，以及其他3名和他系在一起的人也被雪崩捲下了山崖。幸運的是，他們處在雪崩帶的邊緣，碰上的只是剛落下的新雪而不是可以砸死人的大冰塊，因此他們保住了性命。這4個人很快從雪中逃生，隨後解救了後面的兩名隊友。其他7個人就沒有那麼幸運了，如石頭般堅硬的大冰塊就這樣無情地壓向了他們，有的砸向人的心臟，有的將

人腦袋壓扁，有的將人的胳膊、腿砸折，從而被更多的冰塊砸死。甚至死的時候很多人都沒有來得及閉上雙眼。

兩年後，在一次對珠穆朗瑪峰更深入的探索途中，馬妻裡自己不幸遇難。他的屍體在1999年被其他登山者發現，但和他一同上山的喬治・歐文的屍體至今下落不明。人們仍然不知道首先征服世界最高峰的是馬妻裡和歐文，還是後來的艾德蒙・希拉蕊和夏爾巴族人藤辛・諾蓋。

遭遇雪崩後，如何辨別方向

如果你遭遇了雪崩，雪不再移動時，掙扎著朝上方鑽，爭取出去。可是，你被埋在雪裡完全迷失了方向，所以真正的「上方」很難確定。這時候，你不妨吐一口唾沫，看看牠是朝哪個方向落下的，然後你就朝著相反的方向爬，一定要在你窒息之前爬出去，否則會有生命危險的。

哇，好高的冰山！

危險無處不在的**極地**

極地常年被冰雪覆蓋，異常寒冷。如果朝戶外潑水，你會驚奇地發現，潑在空中的是水，落到地面之後就變成蹦跳的冰塊了。那裡的風很大，你可以順風狂飆在廣闊的雪原，速度甚至比汽車還快。當然，你唯一需要小心避免的就是掉進冰窟或者撞上冰山。想在童話世界般的雪原順風疾馳嗎？想去領略24小時日不落的異域風情嗎？讓我們去極地探險吧！

埋藏船隻的冰山

行走在極地冰面，可得注意腳下的冰窟窿，因為有可能一腳踏進去之後，就掉進海裡再也出不來。更為驚奇的是，那些移動著的冰山有的可達十幾層樓那麼高。如果行船經過，可得小心避開，因為無數的探險船隻就曾這樣被牠埋藏。

1914年，英格蘭爵士恩納斯特・沙克爾頓率領28名隊員挑戰南極，試圖穿越南極大陸。然而，在冬季來臨時，他們的船隻「忍耐號」駛進暗藏危險、冰塊密布的威德爾海水域。連續幾個星期，他們都在大塊浮冰中尋找出路，然而努力沒有任何結果。到了第二年1月份，「忍耐號」已完全同冰山凍成一體，牢牢卡在冰塊之中，無法動彈。幾個月之後的某天，伴隨著打雷樣的響聲，「忍耐號」開始斷裂，船上的木頭呻吟著，在壓力下裂開，並向一側傾斜，隊員們火速棄船上岸，巨大的輪船沉入海底。

偷食物的北極熊

在北極圈的浮冰上行走，有時會碰見全身雪白、體形龐大的北極熊。牠們是北極地帶最大的食肉動物，附近生活的小動物們看見牠都嚇得魂不附體，趕快逃跑。有隻海豹在海水中泡了很久，需要上岸透透氣，觀察四周發現沒有危險後，爬出了冰面。可是，躲在暗處的北極熊正偷偷看著這一幕，忽然，牠以最快的速度衝過去，一掌將海豹打昏在地，可憐的海豹還沒來得及反抗，就成了牠的盤中餐。有時北極熊也會趁居民們不注意，翻窗跳進廚房偷食物，牠專門挑肉吃。被發現後，牠會迅速逃走，甩下身後敲打著瓢盆嚇　唬牠的人們。如果人們激怒了牠，牠可能會用力大無窮的熊掌拍碎居民的大門，闖進他們家裡去，吃掉所有人。北極熊平時不傷人，但如果牠非常飢餓，看見人也照吃不誤。

北極天寒地凍，為什麼北極熊能適應這種環境呢？原來牠平時獵食魚和海豹，皮下積存著厚厚的脂肪，能抵禦嚴寒。同時，科學家們還發現牠的毛髮是中間空心的管狀結構，像一根根白色的導管，當紅外線等熱量傳遞到牠的毛髮中時，就被留在空心管中，起到很好的保溫作用。

在天空舞蹈的妖魔——極光

北極的天空，有時會出現奇形怪狀的圖案，有的像張牙舞爪的怪獸，有的像伸展著千萬條觸手的妖魔，而更多時候人們以為是外星人的飛碟。古時的人們，看見極光都非常驚恐，加拿大的因紐特人以為那是地球圓屋頂上的洞中洩漏出的光線，好讓死人的靈魂飛出去；還有人覺得這種光線很可怕，它能傳播死亡、疾病和戰爭，最好離它遠點兒。其實，這種光線就是極光，只是種自然現象。當太陽中的帶電粒子進入磁極附近的大氣層時，就會產生電離，從而形成各種耀眼奪目的光線，即我們平時所看見的模樣。

極地除了極光外，還有極晝現象。當北半球夏季來臨時，北極天空的太陽始終在地平線以上，24小時都不落山。此時的冰雪世界，彷彿被染上橘紅的顏色，溫暖明亮，連續數月都沒有黑夜。這種極晝現象和地球的自轉有關，地球在繞太陽轉動時，總是帶有一定的傾斜角度。當北半球處於夏季時，傾斜的地球北極始終暴露在太陽底下，因此看不到黑夜。

極地有著地球上別處難得一見的奇異景觀，也有著無法想像的寒冷和危險，在經歷千辛萬苦，最終戰勝極地的種種危險之後，你會發現大自然的神奇與美妙！

有意思的極點

在極點，只有一個方向。如果你站在北極點上，前後左右便都朝著南方，你可以一隻腳踏在西半球，另一隻腳踏在東半球。你只需花一秒鐘在原地轉一圈，就可以驕傲地宣稱自己已經「繞地球一周」了。不過，在極點之上，儘管可以「環球旅行」好幾周，也會遇到難分時間的麻煩。眾所周知，人們把地球按照經線，每隔 15 度就劃分為一個時區，這樣全球一共有 24 個時區，每個時區相差 1 小時。但是對於極點來說，地球上所有經線都交會在這裡，也就是說極點可以屬於任何一個時區。更有意思的是，假如在極點進行一場乒乓球比賽，那個小小的球，便一會兒從今天飛到了昨天，一會兒又從昨天飛回今天。

啊，這是什麼鬼天氣？

可怕的**極地天氣**

世界上最冷的地方莫過於南北極。在這些極冷的地區，鋼鐵也會被凍裂，潤滑劑也會結成冰。不僅如此，南北極還有高速刮過的風，它們像匕首般鋒利，能劃破所經之處的帳篷和動植物皮毛，有時連雪原交通工具──雪地車也能被掀翻。極地雖然被冰雪覆蓋，卻常年缺水，幾乎從不下雨，而且降雪量也少得驚人。

比車速還快的暴風雪

在北極，如果把剛捕獵來的海豹固定在帳篷外，半個小時後你會發現原本油肥脂厚的海豹只剩下空蕩蕩的骨架，彷彿被飢餓的野獸啃過。可是荒蕪的雪原，只有風雪的嘶吼聲，看不到任何動物，更沒有野獸踏雪的足跡，那麼，是誰動了海豹？原來，凶手就是極地的暴風雪。南北極的風非常大，像鋒利的匕首。如果帳篷沒紮牢，晚上還躺在帳篷裡，第二天清晨你會發現自己赤身躺在雪地中，呼呼的大風正從身上刮過，帳篷、衣服早已吹得不見蹤影。極地探險隊隊員經常被暴風雪困在原地，寸步難行。暴風雪速度很快，有時比汽車還快，刮風的同時可能伴隨著雪崩，持續時間長達半月或數月。很多探險者由於補給不足，最後抱憾死於途中。

極地為什麼會有如此大的風雪呢？其實這是因為這裡沒有樹木，常年低溫，氣壓很高。當空氣從高氣壓區流向低氣壓區時，由於途中缺少樹木阻擋，風速會很快增強，變成異常強勁的大風。

牙齒打顫的寒冷

兩極是世界上最冷的地方。在南極，平均溫度達到-49℃，比家裡的冰箱還冷上5倍。其中，南極的俄羅斯東方站最低溫度曾達到過-89℃，足以把人和動物凍成冰雕。相比較而言，北極要稍微溫度暖點兒，因為北極周圍是大洋，全是海水，能很好地保溫，而不至於溫差過大。北極夏天的溫度可以到0℃，冬天是-30℃。

為什麼極地會這麼冷呢？其實這和太陽的輻射有關。因為地球是球面的，太陽光線與兩極地面形成的角度很大，陽光覆蓋很廣，光線越來越弱。況且陽光要走很長的路，穿過厚厚的大氣層，才能到達兩極。就這樣，在到達地面之前，熱量被吸收了，或者被大氣散射掉了。更要命的是，到達極地的光線被白色的冰反射回去。簡單地說，黑顏色吸收熱量，而白顏色反射熱量。南極大陸上皚皚的白雪將射向地面的光線反射回去，導致天氣寒冷，由此形成更多反射陽光的冰雪，如此周而復始。

比沙漠還乾燥的天氣

雖然南極大陸覆蓋著冰雪，可是有些地方比撒哈拉沙漠還要乾燥。在南極洲的麥克默多灣以西有許多山谷，人們稱之為乾燥谷。這裡異常乾燥，空氣中沒有絲毫的水氣，山谷裡已經大約有200萬年沒有降過水。牠是地球上條件最嚴酷的荒漠，而且這裡是南極大陸唯一沒有被冰雪覆蓋的地方。南極時速321公里的大風，幾乎吹走了所有的水分，只留下光禿禿的不

毛之地，植物難以生長，鳥獸絕跡，類似科學家們觀測到的火星表面的氣候特徵。

地理學家認為南極就是荒漠，雖然這裡和我們平時想像的擁有沙丘、棗椰樹和駱駝的荒漠不一樣，但依然是荒漠。地理學家給荒漠的定義是每年的降雨量或降雪量小於250公釐。而南極的降水量只有這個量的1／5。總之，極地的氣候像個變幻無常的魔鬼，說變就變，雲波詭異，風雪彌漫，令人防不勝防。

南極曾有熱帶雨林

有考古證據表明，南極洲曾像南美洲一樣，表面覆蓋著熱帶雨林。科學家們在澳大利亞、南美洲和南極洲的岩石裡，找到了相同的植物和動物化石，表明兩億年前這些大陸是連在一起的。令人驚慌的是，那時南極被茂密的森林所覆蓋，時常有恐龍出沒。大約 1 億 8 千萬年前，這三塊大陸被海洋分開。南美洲和澳大利亞依然溫暖，而南極洲漂向南極點，變得越來越冷。

哇！北極在哪裡呢？

挑戰寒冷的北極點

你知道北極點到底在哪裡嗎？也許你會想，那麼寒冷的北極，到處都布滿了耀眼的冰塊，根本就沒有任何的明顯標誌。不過北極點是可以找到的，儘管這個點每天都在變化，但是並不能阻擋人們想到那裡一探的好奇。

第一個到達北極點的人

美國探險家羅伯特·皮爾里是第一個到達北極點的探險家。他為了實現自己攀登北極點的理想，很早就開始精心的準備，並多次進入北冰洋。皮爾里在北極探險花費了23年的時間。

1908年6月6日，皮爾里再次率領一支由21個人組成的探險隊去北極探險。9月5日，他們的「羅斯福」號探險船駛抵謝里登角，離北極只有約900公里，卻被嚴嚴實實地冰封在海灣裡了。第二年2月22日，皮爾里把探險隊員分成3個梯隊，向最後一個出發點——哥倫比亞角前進。前兩個梯隊負責探路、修建房屋，好讓皮爾里帶領的第三梯隊保持旺盛的體力向北極點衝刺。4月1日，最後一批人員撤回基地，參加最後衝鋒的只有皮爾里、亨森和3個愛斯基摩人，當時突擊隊離北極點還有約240公里的距離。4月5日，皮爾里已到達北緯89度25分處，離北極點只有約9公里了。他們每個人的體力都消耗太大了，兩條腿彷彿有千斤重，一步也邁不動了，眼皮也在不停地「打架」。稍作休息後，皮爾里一行勇敢地衝向北極點，終於在1909年4月6日到達北極點。後來，經過專家們的鑑定，他所到達的地點是北緯89度55分24秒，西經159度。皮爾里在那裡逗留了大約30個小時後返回營地。

皮爾里的這次北極探險證實了從格陵蘭到北極不存在任何陸地，整個北極都是一片堅冰覆蓋的大洋。

滑雪到達北極點的探險隊

1979年3月16日，7名蘇聯科學考察者攜帶滑雪板，從蘇聯新西伯利亞群島的最北部——根里葉蒂島出發，冒著-30℃的嚴寒向北，沿途經過了坎坷不平的浮冰群和許多冰裂地帶，歷時77天，於5月31日到達北極點，全程共1500公里。在整個行進過程中，除了由飛機為他們提供各種給食物外，他們使用的唯一一個交通工具就是滑雪板。這在人類歷史上是唯一的一次。

潛艇從冰下到達北極點

潛艇能到達北極點嗎？1957年，美國海軍原子能潛艇「鸚鵡螺」號，在艇長安德森的指揮下，在冰下航行了5天半，到達北緯87度的時候，沒有發現很厚的冰層。8月，該艇通過白令海峽北進，潛航到冰下橫穿北極，於1958年8月3日到達北極點，並成功駛出格陵蘭海的開闊冰域。美國海軍的這艘「鸚鵡螺」號核潛艇遠航北極，開創了人類歷史上艦船首次駛抵北極點的壯舉。同年8月，另外一艘潛艇「鰩魚」號以北極點為目標，潛航了約4633公里，10天之間浮出海面9次，其中一次準確地突破了北極點。

1963年9月29日，有一艘蘇聯核潛艇，在北冰洋高緯度海域冰下航行的過程中，抵達北極點並在那裡浮起。這艘核

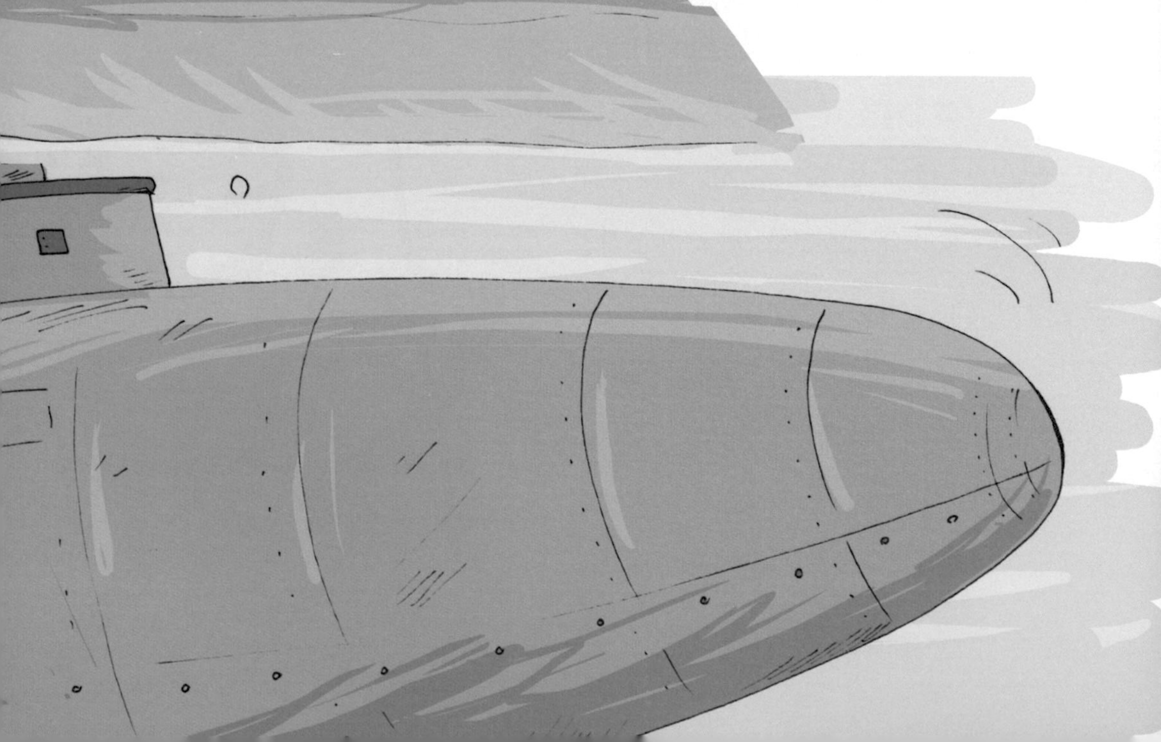

潛艇在抵達北極點前，艇上的儀器探測出北極點附近有一個被薄冰覆蓋的面積不大的冰窟窿。潛艇這時已停止前進，而是利用慣性向預定點接近，當恰好到達北極點時，指揮塔撞破了薄冰，潛艇浮出北極點。

會襲擊人的北極狐

你知道北極狐嗎？其實北極狐還有另外一個美麗的名字——雪地精靈。大多數的北極狐只有在冬天才長出一層厚厚的白色皮毛，其他季節的時候就會變成灰色的。牠這種變色的本領可能是為了更好地適應北極的生活吧！牠從不冬眠，儘管要在無數個漫長而黑暗的冬季裡生存。牠只是盡力去尋找一些可以吃的食物，例如旅鼠、落在地上的鳥或者傷病的探險者。

1741 年，自然主義者威廉姆・斯特拉的船遇上了海難，大家被困在一個小島上，其中很多船員都受了傷或生病了。這時，他們便遭遇了成群的北極狐襲擊。因為撕咬那些傷病員可比追逐地上的鳥要容易得多。看，一個可憐的人曾陷入與狐狸的爭鬥，就因為他晚上出門小便而已。

悲壯的生命之歌

南極點爭奪戰

在無數探險中，人們往往只記得「第一」，而常常忽略了「第二」「第三」及許許多多後來者，其實他們也同樣偉大。斯科特所率領的探險隊就是其中一支值得大家尊敬的探險隊，儘管他們是第二支到達南極點的探險隊。

兩支隊伍同時向南極點進發

1910年6月，英國皇家海軍軍官羅伯特・弗肯・斯科特受命率領探險隊乘「發現」號船出發遠航，深入到南極圈內的羅斯海。當時，挪威人羅阿爾德・阿蒙森也率領著另外一支探險隊向南極點進發，兩支隊伍展開了激烈角逐。

結果阿蒙森隊於1911年12月14日捷足先登，而斯科特隊則於1912年1月18日才抵達，比阿蒙森隊晚了一個多月。更加不幸的是，在返程途中，南極的天氣突然變得寒冷起來，斯科特隊的供給不足、飢寒交迫。他們在嚴寒中苦苦支撐了兩個多月，最終因體力不支而長

眠於冰雪中。

挪威國旗升上南極點上空

1910年斯科特率領的探險隊到達羅斯島，在埃文斯角登陸時，阿蒙森的小型南極探險隊也來到了羅斯島另一側的鯨灣。阿蒙森探險隊只有5人，駕著由52條愛斯基摩狗拉的4架雪橇。他們在鯨灣建起了營地，每向南一個緯度便設一個倉庫，存儲了大量食品和燃料，為了防止迷失方向，每隔一段距離就在雪地上插一個標竿。

阿蒙森探險隊進入南極腹地之後，遇到了重重困難。有一次，一架雪橇掉進了一條冰縫，費了好大力氣才把它拖上來。在離南極點550公里的時候，出現了上坡路，暴風雪又不停，怎麼辦？阿蒙森決定從活著的42條狗中挑選出比較瘦弱的24條殺掉，由剩下的18條強壯的狗拖3架雪橇，只帶兩個月的口糧，向南極極點衝刺。「一定要趕到斯科特之前到達！」阿蒙森的隊員們互相鼓勵著。1911年12月14日下午3點，阿蒙森探險隊到達了南緯90度，站到了南極極點上，5個人共同把一面挪威國旗升到了極點上空。

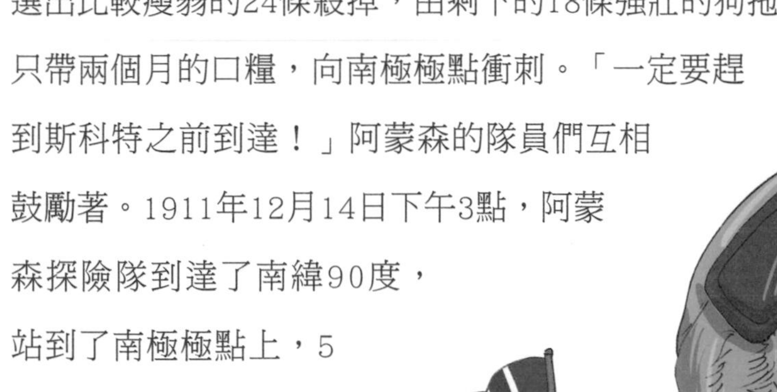

斯科特的隊伍在暴風雪中艱難挺進

當挪威探險隊員在極地慶祝勝利的時候，斯科特的隊伍還在暴風雪中艱難地挺進。斯科特選擇的是西伯利亞矮種馬拉雪橇，但是這種馬適應不了南極的嚴寒，一次又一次陷入雪中，一匹一匹死去，最後只好用人力拉雪橇。暴風雪、凍傷、體力下降，一個接一個的打擊向斯科特探險隊襲來。1月16日，就在他們勝利在望的時候，隊員們卻發現了挪威的國旗在前方隨風飄揚。顯然，對手走到了他們的前邊。這個極其沉重的精神打擊，幾乎使隊員們精神崩潰。

「前進！」斯科特吼著。1月18日，斯科特探險隊到達了南極極點，並在挪威人的帳篷裡發現了阿蒙森留下的信。他們把英國國旗插在帳篷旁邊，成了到達南極極點的亞軍。

第二天，筋疲力盡的斯科特隊踏上歸途，他們按照科學探險的慣例，仍然沿途收集各類岩石標本，書寫探險日記。他們的口糧不足了，有的隊員手指甲凍掉了，狂風咆哮著，其中兩名隊員犧牲了。3月29日，斯科特在日記中寫道：「我們將堅持到底，但我們的末日已經不遠了。這是很遺憾的，恐怕我已經不能再寫日記了。」

他們最終沒有回來。大約過了一年以後，人們在斯科特遇難的地方找到了保存在睡袋中的3具完好的遺體，並就地掩埋，墓地裡矗立著人們專門為他製作的十字架。

斯科特的日記

人們在斯科特的遺體旁邊，意外地發現了他寫的日記。其中有一篇這樣寫道：

1月27日，星期六

我們在暴風雪肆虐的雪溝裡穿行了一個上午。這令人討厭的雪拱起一道道浪，看上去就像一片洶湧起伏的大海。威爾遜和我使用滑雪板在前方開路，其餘的人步行。尋找路徑是一件艱巨異常的工作……我們的睡袋溼了，儘管溼得不算太快，但的確是越來越溼。

我們漸漸感到越來越餓，如果再吃些東西，尤其是午飯再多吃一點兒，那將會很有好處。要想盡快趕到下一個補給站，我們就得再稍微走快一些。下一個補給站離我們不到60英里，我們還有整整一個星期的糧食。但是不到補給站，就別指望能真正地飽餐一頓。我們還要走很長的路，而且這段路困難重重……

啊！危險無處不在呀！

太平洋河流——美國西部探險

1803年，取得獨立戰爭勝利的美國，從拿破崙手中購得路易士安娜地區，可是殖民者仍然占領著這些地區西部的大片領土。為開發西部，促進那裡的貿易和移民，美國總統派遣兩位年輕的軍官，對這些地區進行探索。他們沿河逆流而上，歷時數年，最終到達西海岸的太平洋。沿途有很多美麗的風景，但也充滿凶險，他們是怎麼化險為夷的呢？

叢林中的疾病

1804年5月，兩位年輕的軍官率領全副武裝的43名士兵，其中包括兩名懂印第安話和西班牙語的翻譯，開始他們的探索之旅。從密蘇裡河畔的聖路易斯小鎮出發，起初沿途風平浪靜，兩岸風景美不勝收。他們穿過起伏不平的綠色草原，那兒成群的野牛在優閒地散步。可是好景不長，西班牙大使得到了他們開拓領地的消息，於是派遣西班牙總督逮捕他們。這位總督得到消息後，煽動與他們結盟的印第安人去殺死這兩位年輕的軍官路易斯和克拉克，所幸的是兩位軍官早已察覺到威脅而提前上岸了。

當時正值夏季，茂密的叢林裡紛飛著無數蚊蟲、蒼蠅，探險隊員需要小心地避開叢林中的毒蛇猛獸，他們用刀砍斷遮擋的樹木，並揮舞著樹枝驅趕蚊蟲。可是幾天後走出叢林時，每個人的皮膚上都被叮咬出斑斑點點的傷口。接下來的日子，有部分隊員發高燒，並汗流不止。幸虧他們早有防備，帶有足夠的藥物，然而仍有一名隊員因高燒不退，加上那時瘧疾橫行，不久後重傷不治死亡。行程剛剛開始，就有隊員犧牲，每個探險隊員的心裡都籠罩上陰影，他們艱難地邁著腳步，走向前方未的河流源頭。

沿途無法預測的凶險

8月的時候，探險隊到達印第安人的領地。好客的印第安人邀請他們吸菸，他們驚奇地發現，當地人的煙斗足有1公尺長，所以後來給吸煙的地方取名為煙斗崖。然而，並不是所有印第安人都平靜而友好。9月，他們闖入了另外一個部落的領地，雙方見面的場景驚心動魄。9月25日，在今天的南達科他州，探險隊與酋長托特洪加會面。剛剛寒喧幾句，酋長的手下們突然調轉長矛衝向停留在柏德河岸上的探險隊員。克拉克沒有退縮，他拔出佩劍，示意船上的士兵準備戰鬥。這一刻，上膛的火槍和士兵們勇敢的舉動突然打消了拉克塔斯人戰鬥的想法。酋長匆忙命令手下離開船。經歷了河岸上的緊張對峙之後，這些探險隊

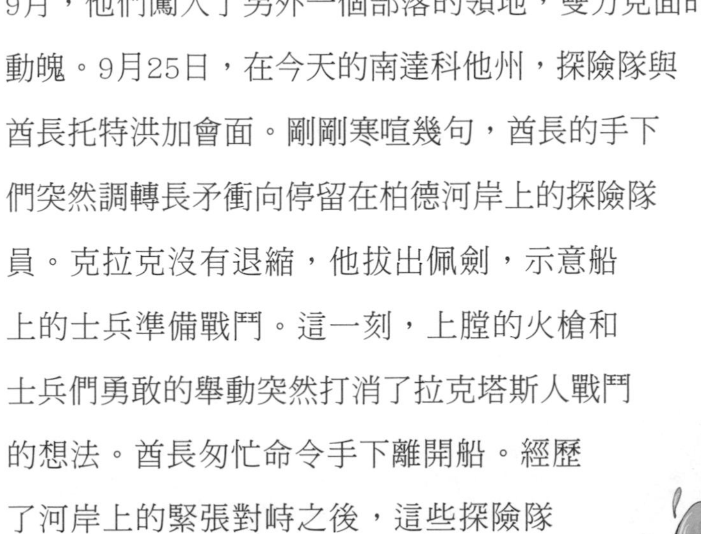

員的勇敢給酋長留下了不錯的印象。他拋卻了最初的敵意，與探險隊交好，並且派遣手下給他們開路。

10月，他們到達曼丹印第安人的聚居地，並且受到熱烈歡迎。河面馬上就要被冰雪覆蓋，因此他們打算在那裡過冬。1804年到1805年的冬天很長，也很冷。有些日子，氣溫驟降到令人牙齒打顫的-40℃！遠征的隊員們只得待在溫暖的木頭船艙裡。天氣實在是太寒冷了，他們絕對不敢貿然踏出屋外半步，因為他們曾親見隨著探險隊前來的狗，跑到屋外後，被凍得黏在原地變成冰雕。

因被當成鹿而被射擊的隊長

直到第二年4月，漫長的冬季終於過去，河流解凍，探險隊員們繼續啟程前行。然而，所有的地圖都在此為止，再也沒有詳盡的描述，只能靠他們自己去判斷，不過慶幸沒有選錯方向。後來，他們雇傭當地的印第安人做嚮導，到達了洛基山腳下。接下來要面臨更嚴峻的挑戰——翻越洛基山！探險隊已彈盡糧絕，到夜晚更是冷得厲害。他們忍受著刺骨的寒冷，邊牙齒的顫，邊艱難地前行。

他們日夜兼程地趕路，休息時就去深山中打獵，以此作為食物來源。這天，十幾個隊員又分組去山中打獵，他們在空山中轉悠半天，也沒發現獵物影子。而幾天前，他們還在這片山林中捕到了肥美的山鹿。正當沮喪的隊員們準備打道回府時，忽然有個隊員興奮起來，他指著前方草叢中露出的鹿腿示意大家別驚動牠。所有人悄悄包抄過去，靜靜趴著，瞄準。然後伴隨著槍響，那隻鹿應聲倒在草叢中。所有隊員都跑過去想活捉獵物，等他們圍到跟前時才發現，他們的隊長路易斯正捂著受傷的腿躺在草地上，飢餓的他們竟把隊長當成了鹿。

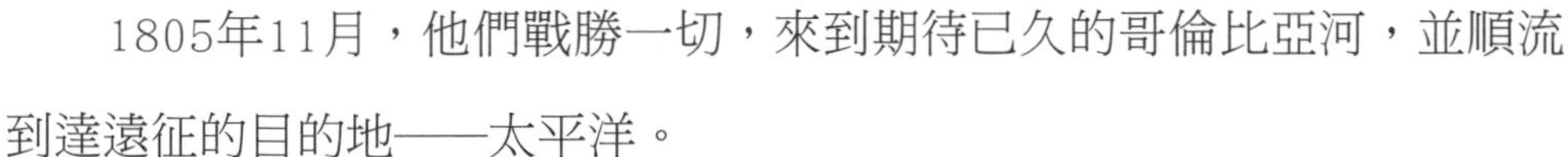

1805年11月，他們戰勝一切，來到期待已久的哥倫比亞河，並順流到達遠征的目的地——太平洋。

美國西海岸的第一座堡壘

1805 年 11 月，路易斯和克拉克到達美國西部的太平洋海岸，並在這裡建造了一座名為柯拉特索普堡的堡壘。它是美國在太平洋邊的第一座哨卡，也是美國在西部的地標，這成為路易斯和克拉克此次探險的最高成就。這座堡壘的建成，宣告著美國軍事力量的觸角第一次延伸到了太平洋沿岸，為美國後來的西進運動奠定了基礎。

哇，太神祕了！

充滿未知危險的熱帶雨林

熱帶雨林充滿了神祕色彩，它是大自然的傑作，人們對它總是充滿了好奇。在叢林的深處，確實存在著許多奇妙又美麗的植物和動物，不過，同樣也有意想不到的危險。即便是個優秀的探險家，進入到熱帶雨林之後，都無法保證真正安全地走出這片廣闊的森林。也許在腳下，也許在頭的上方，都會出現令人無法想像到的危險。

為製作地圖，想穿越熱帶雨林的探險家

為了製作一張玻利維亞的全國地圖，英國皇家地理學會派出了優秀的地圖繪製員——珀西。對於珀西來說，繪製地圖是一個很簡單的任務，但是為了繪製精確，他需要穿越十分危險的熱帶雨林。在那裡，珀西可能遭遇野蠻的原始部落、致命的疾病或者凶猛

的野獸，當然，還有意想不到的危險。不過，珀西有著執著的精神，要去戰勝那些出乎人意料的危險，所以在1906年，勇敢的珀西出發了。

穿越馬托格羅蒙熱帶雨林是這次任務的最大考驗。在熱帶雨林裡，抬頭看不到藍天，低頭滿眼的苔蘚，密不透風的叢林潮溼悶熱，還要小心腳下的溼滑。人們在叢林裡行走，不僅困難重重，還會遇到很多危險。珀西在叢林中會遇到什麼呢？讓我們跟他一起走進這片神祕的熱帶雨林吧。

被食人魚咬斷了手指

在叢林中遇到的危險事兒可不是一般的多。有一次，珀西和同伴與當地人發生了打鬥，雙方打得特別激烈。神奇的是，當珀西拿出手風琴彈奏了一首曲子之後，對方竟然停止了進攻。他們從未見過手風琴，奇妙的聲音把他們嚇壞了。這只是小小的意外，糟糕的是珀西他們還遇到了可怕的食人魚。

食人魚又叫做水虎魚。牠可是一種殘忍的食肉淡水魚，通常只有一個成年人的巴掌大，並且有尖利的牙齒，能夠輕易咬斷用鋼造的魚鉤，非常凶猛。一旦發現獵物，往往群起而攻之，食人魚可以在10分鐘內將一隻活牛吃掉，只剩一堆白骨。因此只要涉入水中，就很容易成為牠們的食物。而珀西的同伴

就在洗手的時候，突然感到手指劇痛，等從水中拿出手之後，發現食人魚咬斷了他的手指。食人魚有著極強的生命力，往往群體攻擊獵物，牠們在水中幾乎沒有天敵。

遭遇了世界上體型最大的蛇——森蚺

這一天，他們終於可以在河裡乘小船前進，享受一下愜意的快樂時光，可是誰也沒有想到危險正在一步步地靠近。突然，小船好像要被掀翻了一樣。原來，這是一條巨大的蛇。牠不是一條普通的蛇，而是一條世界上體形最大的蛇——森蚺，粗如成年男子的軀幹一般，靠捕食鹿、山羊大小的獵物生存。捕食時，森蚺通常都是用龐大的身軀把獵物纏起來，然後再活活地將獵物勒死，最後牠就把已死的獵物整個兒吞到肚子裡面，慢慢地消化掉。當看到這個可怕的大「怪物」時，珀西嚇壞了。

這個體表黏糊糊的，帶著渾身腥臭的大蛇緩緩地向大家移動過來，越來越近，從牠的眼睛中彷彿都能看到即將享受美味的興奮。他們都已經萬分恐懼，嚇得動也不敢動，只怕一動更加會引起牠的注意並撲向自己。這時候，巨蛇以非常快的速度纏住了珀西的同伴，大家都已經嚇得無法思考了，不過珀西很快恢復了鎮定，舉起了獵槍，對準了巨蛇。「砰」的一聲，只見巨蛇瞬間倒下，鮮紅的血液從身體上迅速地流出，牠不斷掙扎著，不久便死了。同伴獲救了，而此時的珀西已經虛弱地倒在地上，全身上下被汗水浸透了。

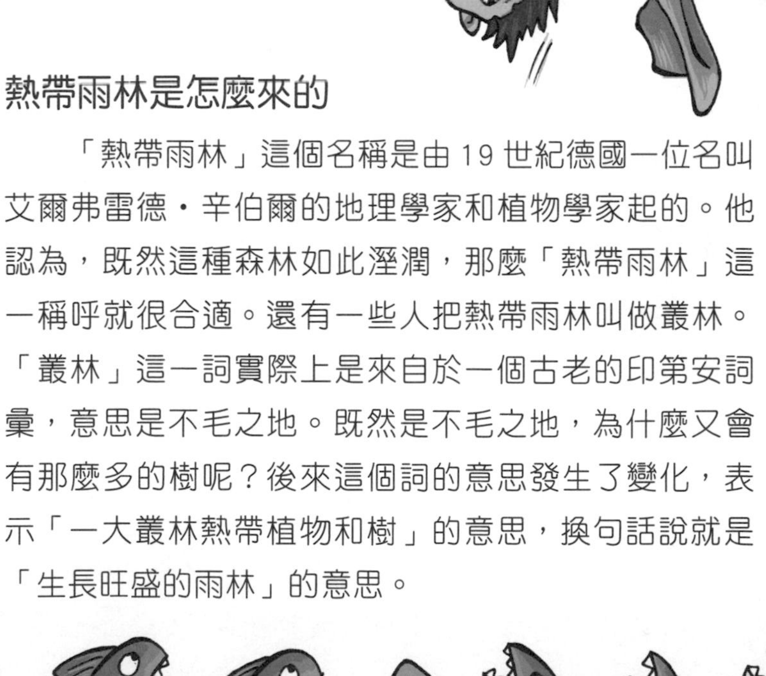

熱帶雨林是怎麼來的

「熱帶雨林」這個名稱是由 19 世紀德國一位名叫艾爾弗雷德・辛伯爾的地理學家和植物學家起的。他認為，既然這種森林如此溼潤，那麼「熱帶雨林」這一稱呼就很合適。還有一些人把熱帶雨林叫做叢林。「叢林」這一詞實際上是來自於一個古老的印第安詞彙，意思是不毛之地。既然是不毛之地，為什麼又會有那麼多的樹呢？後來這個詞的意思發生了變化，表示「一大叢林熱帶植物和樹」的意思，換句話說就是「生長旺盛的雨林」的意思。

遭遇了可怕的電鰻

在河水中還生長著一種會放電的魚，名字叫做電鰻。牠們身長可達兩公尺，形狀像把刀，能瞬間釋放出200伏的高壓電，擊昏獵物。電鰻的細胞裡有能產生微弱電壓的「電池板」，無數的「電池板」聚合之後就形成很強的電壓。當魚、蛙等獵物靠近時，就用瞬間高壓將獵物殺死。這是牠們特有的武器，體形龐大的動物甚至馬都難逃牠的電擊，電鰻就以此來捕食和躲避敵害。而珀西一隊人就曾被電鰻襲擊過，哪怕過去了很長時間，想起來的時候還會心有餘悸。

吃人的藤蔓

進入到熱帶雨林之後，探險家們的衣服都被常年存在的霧氣打溼了，很快就開始發黴。那惡心的霉臭味，真是讓人無法忍受。在前進中，根本就沒有能夠走的路，每天他們都會遇到那些討厭的藤蔓，如果不小心，很可能就會被腳下的綠藤絆倒，然後成為食肉植物的美餐。雨林中有一種捕人藤，七、八公尺高，無數的枝條垂在地上，乍看上去像快斷的電線，散亂地分布著。當有人或動物靠近時，它的藤條立刻朝這一方向伸來，像無數有知覺的蛇一樣將獵物牢牢纏住，然後枝葉中會

分泌出像黏膠那樣的黏液，使獵物無法掙脫。另外，這種黏液還有很強的腐蝕性，能在幾分鐘之內將動物腐蝕掉，成為捕人藤的美餐。待它們把獵物完全消化掉之後，又伸展開樹枝，布下天羅地網等待下一位犧牲者。它們的汁液是非常寶貴的藥物，當地人熟知捕人藤的特性，先用魚餵食牠，待捕人藤消化掉足夠多的魚，樹枝收縮之後砍下它，取它的枝葉做藥。

有些捕人藤不分泌消化動物的黏液，只用藤條牢牢纏住獵物，然後等待附近的吸血黑蝴蝶飛過來。黑蝴蝶很快就知道有獵物被纏住，紛紛飛過來吸食牠們的血肉，只需片刻便咬得獵物血肉模糊，慘不忍睹。也有部分捕人藤盛開著豔麗的花朵，它們把捕捉來的獵物供給這些食人花，每吃夠七、八個人之後就會開出一朵食人花。除此之外，雨林裡還生長著各種不知名的有毒植物，可以毒死經過它身邊的人和動物。這些藤蔓有人腿那麼粗，要砍掉這些藤蔓而保證自己的安全，真的不是一種容易的事，往往累得人筋疲力盡。

致命的易發病

當然，在雨林行進的過程中，還有各種致命的易發病。所以，一定要注意經過你身邊的蚊蟲，因為牠們很可能攜帶數十種病菌和寄生蟲，而其中的某種就可能導致你雙目失明。有種生活在河岸邊的墨蚊，外表與普通蚊子幾乎沒有區別，但是牠們的唾液卻有毒。雌蚊子嗜血，喜歡叮咬動物和人。牠們在吸血時通過唾液把幼蟲排入到人體內。這些幼蟲繁殖出成千上萬的蠕蟲，蠕蟲在體內四處遊走，如果死後的蠕蟲流入人的眼睛，就會導致人雙目失明。

有的蚊子攜帶有瘧疾病原體，喜歡在緩慢流動的河流和池塘上產卵。當牠們準備要產卵的時候，就會在水面附近盤旋。飢餓的時候會吸食人們的血液，並將寄生蟲注入到人的血管中。這種寄生蟲是種嗜血生物，主要依靠吸食其他生物的血液生存。

珀西一隊人在雨林中，經歷了很多的艱難險阻。後來，食物幾乎耗盡了，在被逼無奈的情況下，他們只能靠發臭的蜂蜜和鳥蛋維持了10天，直到獵殺了一隻鹿，才得以活下來。每次經歷都幾乎讓

珀西等人喪命，但是靠著堅定的信心和勇氣，他完成了任務。1914年，繪圖工作終於完成了，珀西這才回到了他的祖國——英國。

絢爛的食人花

亞馬遜叢林中生長著色彩鮮豔的花，不過得小心，因為其中有部分花很可能會吃人。16世紀的西班牙航海家在亞馬遜河流域的叢林中探險，其中有位水手發現不遠處生長著豔麗奪目的花，花香誘人，他情不自禁地走過去欣賞。可是在手剛觸到葉片的瞬間，葉片像蛇一樣伸過來，把他牢牢纏住，幾分鐘內將他撕得鮮血淋漓。最後，幸虧有身手矯健的同伴相救，他才倖免於難。探險家們砍掉花之後發現，花叢的下面，全是累累白骨，不知曾經有多少人成為它的食物，變成「花下鬼」。

身體很小，力量龐大

遭遇可怕的行軍蟻

在遼闊的南美熱帶雨林之中，隱藏著許多讓人膽戰心驚的凶險，有像水桶一樣粗細的南美巨蟒，有成群結隊飛出洞穴咬人的吸血蝙蝠，還有能夠毒死大象的劇毒蜘蛛等可怕的動物。但是說到最讓當地人聞之色變的，恐怕就是要屬一種經常能夠見到的細小昆蟲——行軍蟻了。

動物被行軍蟻驅趕逃亡

費尼克斯是美國一家雜誌社的記者，由於受到《國家地理》雜誌的指派，去亞馬遜熱帶雨林進行考察。他雇傭了一個叫諾馬的印第安嚮導，在準備好了一切後，就朝著熱帶雨林深處出發了。在這裡，費尼克斯終於感受到「熱帶雨林」這個名字的由來了。這片密林分布在靠近赤道的地區，受到熱帶低氣壓的影響，這裡長期高溫多雨。在密林之中，每一場雨都會被儲存在雨林植物的葉片上，而每當風吹過時，這些水滴就會從樹葉之間滴落下來，就好像整天都在下雨一樣。他們行進在當地的印第安人開闢出來的蜿蜒小路上，倒也沒有遇上什麼麻煩，直到3天後……

這一天，嚮導諾馬首先察覺到了一些異樣——在天上有許多尖叫著的鳥兒；在地上，還有大批野獸跌跌撞撞地向著同一個方向跑去。牠們驚慌失措，就像在集體逃命一樣。看到這樣的情況，諾馬急忙跳下汽車，先是用耳朵貼著地面聽了聽，然後又像猿猴一樣快速攀上了附近的一棵大樹，向遠處望去。等到他從樹上下來以後，整張臉變得毫無血色，有些語無倫次地對費尼克斯大聲喊道：「魔鬼……那是森林的……行軍蟻，大群的，牠們正在向我們逼近！」

一分鐘就可以吃掉一頭牛的行軍蟻群

費尼克斯看到了嚮導諾馬臉上難以掩飾的恐慌，也直到這個時候他才想起一位昆蟲學家給予自己的忠告：「你在那裡一定要小心一種叫做行軍蟻的螞蟻，雖然牠們還沒有你的指甲大，但是由於沒有固定的巢穴，所以會不斷地遷徙，並在行動中發現並吃掉一切獵物。一般來說，一個行軍蟻群有100萬到200萬之多的行軍蟻，牠們翻山越嶺，長途跋涉，所過之處絕對不會留下任何的活口。

不管是巴掌大小的青蛙，還是體形巨大的蟒蛇，只要行軍蟻大軍的足跡一過，只會剩下一堆陰森的白骨，甚至只需要幾分鐘，就可以吃掉一頭重達半噸的水牛，沒有人可以阻擋牠們前進的步伐。」

本來對於費尼克斯來說，他們有汽車，而且以汽車的速度，要在行軍蟻到來之前逃掉並不困難。但是天有不測風雲，由於過度的驚慌，越野車在一個急轉彎處因為不慎，跌入了路邊的深溝之中。嚮導諾馬當場死亡，費尼克斯也摔斷了一條腿。他艱難地從側翻的汽車中爬出，並知道行軍蟻就在身後不遠處，所以沒有時間在這裡呼叫救援。不過幸好，他知道前面不遠處有一個被美國考察隊廢棄的小屋，也許在那裡，他可以逃過一劫。

不懼死亡的行軍蟻

費尼克斯艱難地拄著一根樹枝，在行軍蟻到達之前進入了小屋。可就在他用膠帶將門窗全部封死以後，就聽到從四面八方傳來了「沙沙」聲。可以想像，無數的螞蟻，密密麻麻地，就像一張厚厚的毯子一樣覆蓋了整個小屋。

費尼克斯默默地祈禱著，不過似乎上帝並不在南美，因為不一會兒，就有許多螞蟻從微小的縫隙中爬了進來。此時，費尼克斯突然看到了有一側敞開的冰櫃，冰櫃裡明明就有大量的麵包和肉，可是卻沒有一隻螞蟻爬進去。他這才想起，螞蟻並不是恆溫動物，牠需要依靠外界的熱量來激發體內的組織器官的活性。而在熱帶雨林之中，氣溫常年保持在20℃以上，行軍蟻並不用擔心溫度的問題。如果行軍蟻爬到了冰櫃裡，就極有可能會由於身體溫度過低而無法行動。想到這裡，費尼克斯急忙連滾帶爬地鑽進冰櫃之中，直到兩個小時以後，這些讓人膽寒的褐色惡魔才無奈地離開這裡。費尼克斯逃過了這場劫難。

螞蟻也會釀製蜜糖

蜜糖，是蜜蜂在蜂巢之中釀製出來的。可是你知道嗎？在非洲的叢林之中還生活著一種會釀製蜜糖的螞蟻，這種螞蟻叫蜜蟻。不過，牠們可不會像蜜蜂那樣在花叢之中飛來飛去地採集花蜜，而是吃掉許多含有大量澱粉的食物。這些被蜜蟻們吃掉的澱粉會全部集中到蜜蟻體內一個特殊的釀蜜器裡，然後經過釀蜜器裡的各種活性酶發酵，便可以把食物中的澱粉成分轉化成蟻蜜。也正是因為牠們的這種釀蜜功能，當地的居民都親切地稱呼牠們為「甜蜜的巧匠」。

哇！好可怕的樹

吃人的惡魔之樹

通常，在人們的觀念中，植物都是由根部吸收土壤裡的無機鹽和水，理應是「素食主義者」才對。可是，在赤道附近的熱帶雨林之中，卻生活著這麼一種植物，它可以消化肉食。

吞噬人和動物的惡魔樹

卡爾是一位德國的探險家，他從小就十分憧憬蒼茫的非洲叢林。於是，在他成年後，就迫不及待地告別了家人，獨自前往那片古老的大陸。他先後走過遼闊的撒哈拉大沙漠和非洲草原，最終來到了位於非洲東部的馬達加斯加島。馬達加斯加島原來是整個非洲大陸的一部分，後來由於地殼運動導致地面大裂縫，使得馬達加斯加島成為了獨立於非洲大陸之外的一個島嶼。不過馬達加斯加島因為脫離整個非洲大陸很久，所以形成了一套獨特的生命體系。在這裡，卡爾憑藉著出色的社交手段，很快便和當地的瑪律加什人打成了一片。

一天，卡爾與一位加爾加什獵人阿薩結伴出行，去村莊周圍的熱帶雨林裡探險。突然他發現了一棵奇怪的樹，它的整體形狀看上去和榕樹差不多，但是葉子特別大，卡爾相信，只要從那棵樹上摘下3片葉子，就可以把一個人從頭到腳包裹住。正當卡爾準備走上前去進行近距離觀察時，卻被阿薩一把拉住。卡爾疑惑不解，阿薩告訴他，那是一棵惡魔樹。傳說，它由於作惡多端，因此受到了神靈的譴責而變作樹木。但是，這個惡魔並不甘心失敗，它雖然變成了一棵樹，仍然不斷依靠吞噬周圍經過的人或者動物來積累魔力，期望有一天能夠恢復魔身。

拉瓦族用惡魔樹執行死刑

卡爾是一位無神論者，對於阿薩這種荒謬的言論自然是不相信的，不過當他看到那樹下堆積如山的累累白骨時，忍不住打了一個寒顫。

就在這時，一陣陣喧囂聲從對面的樹林中傳了過來，卡爾能夠聽清，那是一群人的叫嚷聲，不過對方喊的話語，他聽不懂。可是當卡爾轉頭，準備詢問阿薩的時候，卻發現阿薩的臉色突然一變，不由分說地拉著他藏進了一片灌木叢中。藏好了之後，阿薩才告訴他，朝這邊走來的是居住在北部叢林中的拉瓦族。拉瓦族人凶殘暴戾，經常無故殺死外族人，臭名遠播。

果不其然，過了一會兒，就有一群身著奇裝異服的人從樹林中走了出來，隨之一同走出的，還有一位被綑綁的婦女。見到這一幕的阿薩悄悄告訴卡爾，這是拉瓦族在執行死刑，那位被綁住的婦女很有可能犯了族中的什麼重要的戒律。

「他們打算怎麼處死那個女人呢？」卡爾疑惑地問阿薩。

阿薩沒有說話，而是用手指了指屹立在那裡的惡魔樹，卡爾這才恍然大悟，原來這些拉瓦族人是要用惡魔樹來執行死刑啊！可是，那棵惡魔樹真能殺人嗎？

惡魔樹用葉子消化人類

在高大的惡魔樹前，拉瓦族人進行了必要的儀式後，就把那個婦女推到了惡魔樹上。很快，惡魔樹緩緩降下8片寬大的樹葉，這讓卡爾差點兒驚呼出聲。因為在此之前，他還從來沒有見到過本身能動的植物。隨後，那8片寬大的樹葉很快就將婦女完全包裹了起來。不過從卡爾所在的角度，他仍然能夠透過樹葉間的縫隙，看到裡面的一些景象。

許多黏稠的液體從樹葉中不斷地分泌出來，全部傾瀉到婦女的身上，而婦女的皮膚一旦沾上那種液體，就立即發出如同把灼熱的鐵塊扔到冷水中一般的「滋滋」聲。擁有一些醫學常識的卡爾立即就判斷出

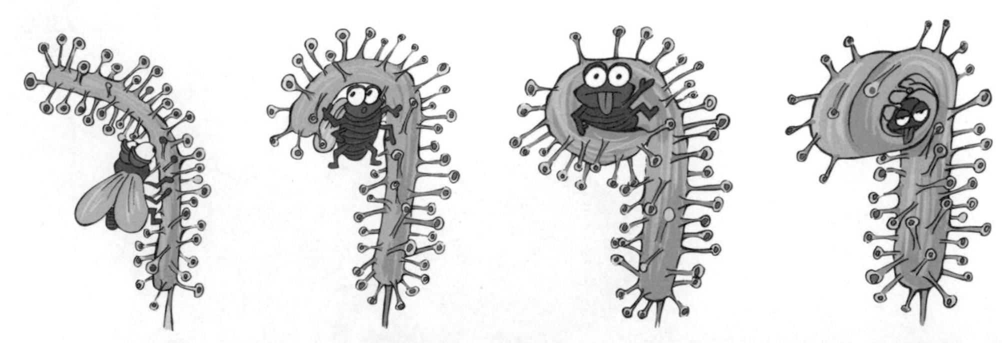

來，那棵樹正在利用葉子分泌的黏稠的液體進行消化。這個結論讓卡爾相信，最多不會超過3天，這個婦女就會成為樹下累累白骨中的一員了。

後來，經過卡爾長時間對惡魔樹的研究發現，它很有可能是一種大型的食肉植物，與捕蠅草和豬籠草屬於同一種類型。由於整個馬達加斯加島上才只有這麼一株，因此卡爾認為它極有可能是捕蠅草受到了輻射或者是某種原因的干擾，發生了變異，才讓本來還沒有膝蓋高的捕蠅草，長到了這麼可怕的高度。因為個體長大了，需要更多的營養，所以迫使它要消化更大的食物了。

西紅柿竟然也是食肉植物

隨著對大自然認識的不斷深入，人們發現，其實植物並沒有人們以前想像的那樣美好。在植物世界中，也充滿了血腥。比如生活在東南亞的豬籠草和捕蠅草，都進化出了專門的構造，用來殺死和消化昆蟲。而經過科學家的進一步研究發現，原來人們飯桌上的西紅柿，竟然也是一種食肉植物。在西紅柿的藤蔓上長了一些帶有黏性的茸毛，而西紅柿正是用這種茸毛，來殺死和消化一些小型的昆蟲。

人文探索

可怕又刺激的探險

食人族真的吃人嗎？

亞馬遜河流域有著世界上最大的熱帶雨林，當然，這裡除了有種類繁多、品種奇特的動植物，還有一些生活方式怪異的民族。因為很少有人敢去了解，所以那些充滿著各種傳說的民族顯得更加神祕。如果有人跟你提到食人族，你是否會覺得恐怖呢？

遙遠的希臘吃人傳說

希臘神話中的克洛諾斯，他的妻子是掌管歲月流逝的女神瑞亞。瑞亞生了許多子女，但都是剛一出生就被克洛諾斯殘忍地吃掉了。因克洛諾斯的母親早就推算出他的統治會被他的兒子所推翻，所以讓他吃掉所有的孩子。當瑞亞生下宙斯時，因為擔心再被丈夫吃掉，就用布裹住一塊石頭，謊稱這是新生的嬰兒。克洛諾斯錯吃了石頭，這才讓宙斯躲過一劫。眾神之神的宙斯都險些被自己的老爸吃掉，可見為了生存，很多的事情都不會按照規律去發展。

在馬王堆漢墓出土的一本古書上就記載，黃帝在打敗蚩尤之後，不但將其毛髮做成旌旗的裝飾，還把他的皮做成靶子讓人們以弓射之，射中者有賞；肉則剁成肉醬，與天下人分而食之。黃帝這麼做真是殘忍啊！不論怎樣，這些只是傳說中的吃人事件，而現實生活中，總流傳在我們耳邊的，就是殘忍的食人族吃人的事件了。究竟食人族吃人嗎？我們一同隨著探險家斯賓塞去了解一下吧！

想探險可怕食人族的科學家

關於食人族的一切，最早來源於一些道聽塗說。食人族到底吃人與否，對於人們還真是一個謎。斯賓塞是美國的一位人類學家，他早就聽說在南美洲的亞馬遜叢林裡生活著許多食人族部落。對於這些部落來說，人肉是神的食物，如果吃了人肉，就代表其能與神交流。斯賓塞對此非常好奇，認為這對研究人類的進化有一定的價值，於是他就帶上一個助手前去尋找。

經過漫長的旅程，他們終於到了亞馬遜叢林。當他向當地人打聽食人族的消息時，人們對斯賓塞的行為感到很震驚。大家都告訴他：「食人族的人非常殘忍，他們一定會把你們抓起來，扒了皮，把肉烤熟了來吃。這樣不是去送死嗎？」而斯賓塞並不是這樣想的，他並不害怕，也不會輕易放棄的。他堅持要去了解食人族，於是想請一個當地人做嚮導，但沒有一個人願意去，而且還都不停地勸他放棄計畫。在逼不得已的情況下，他學了幾句可能用到的土著語，帶上幾件送給食人族的禮物，便和助手出發了。

遇到食人族首領，揭開食人族的祕密

當他們走到叢林深處的一個茅草棚邊時，一陣陣吼叫聲傳來，突然跳出一群手拿長木棍的人，把他們圍在中間。這些人臉上塗滿了奇怪的圖案，赤裸著上身，其中有人用弓箭瞄準了斯賓塞和助手。這一定就是傳說中的食人族吧！斯賓塞想都沒想立刻舉起雙手，而助手看著這架勢想要逃跑，他立刻拉住助手，因為逃跑更容易使對方懷疑自己的行為，或許他們真的會放箭。

這時，走來一位老者，身上披著動物皮毛，頭上還插著一根鷹毛。看裝扮，他一定是部落的首領。斯賓塞趕緊拿出隨身攜帶的禮物送給他，並用結結巴巴的土著語告訴對方自己沒有惡意。這招果然很管用，首領一揮手，那些人就把弓箭放了下來，並帶他和助手去河邊洗澡。

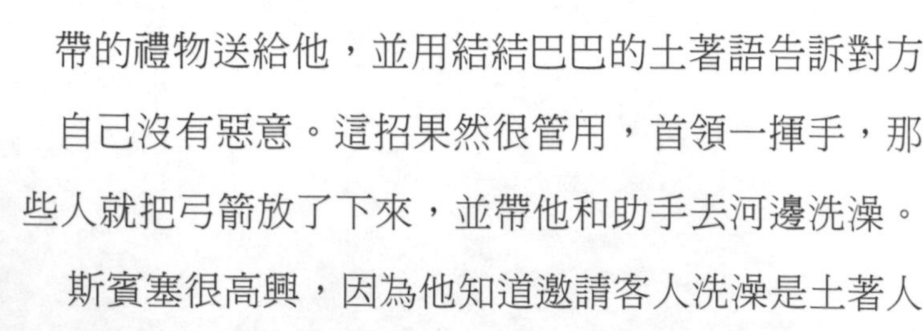

斯賓塞很高興，因為他知道邀請客人洗澡是土著人

待客的一種方式。接著首領又帶他們去家裡，把烤熟的野獸給斯賓塞和助手吃。

經過幾天認真考察，斯賓塞發現食人族的族人們並不像傳說中的那樣可怕。族人並不吃人肉，而是去打獵或者採野果。後來他知道，食人族裡以前的確發生過吃人的事件，那是因為那些人冒犯了他們的神靈或者欺騙了他們。後來的首領認識到這種生活方式對族人並沒有好處，因此，他們就不再吃人肉，而改吃動物的肉了。

最早歐洲人竟然是食人族

考古學家對在西班牙發掘的「最早歐洲人」化石的研究證實，這些史前人類是食人一族，尤其喜歡吃兒童的肉。經過研究發現，這些化石可追溯到 80 萬年前。「先驅人」可能是經過長時間的遷徙，經過中東、義大利北部和法國來到阿塔普埃卡的這個山洞並定居下來，因為這裡非常適合人類居住，容易捕到獵物。「這意味著他們並不是因為食物缺乏而食人。食人不是一次性的行為，而是持續的。」卡斯特羅說。另一個有意義的發現是，考古學家已經確認的 11 名「受害者」中，大部分是兒童或者青少年，這表明他們殺死了其他族群的年輕一代。至於為什麼要吃兒童，這仍是一個謎。

哇，真神奇啊！

既恐怖又神秘的瑪雅文明

在人類發展的歷史上，曾經誕生過許許多多不同的文明，這些文明就像是一顆顆璀璨奪目的明珠一般散落在世界各地。而在美洲茂密的熱帶雨林之中，就掩藏著這麼一個讓人驚嘆不已的瑪雅文明。

隱藏在熱帶雨林中的遠古遺跡

1839年的中美洲，一片戰火喧囂，很多國家都在進行著大規模的內戰。就是在這樣的情況下，一位名叫史蒂芬斯的美國律師和一位名叫卡塞伍德的英國畫家，悄然來到了這片硝煙滾滾的大陸。一天，當這兩位旅行家在當地印第安人的帶領下，舉步維艱地穿行在熱帶雨林之中時，突然不遠處的一個高達4公尺的石頭立柱闖入了他們的視野。這讓他們不禁精神一振，那就是自己在叢林之中苦苦尋找的瑪雅遺跡。而且，隨著進一步的挖掘，他們發現了一塊又一塊的石碑。在這些石碑上，雕刻著密密麻麻的浮雕，有衣著奇異、表情凶狠的人物造型，也有彷彿繪畫

一樣的象形文字。史蒂芬斯看到這些石碑後興奮得手舞足蹈，因為他終於找到了被雨林深深掩埋著的瑪雅文明。瑪雅文明似乎從天而降，在破譯的瑪雅文字中，人們發現了瑪雅人記述的9000萬年前到4億年前的事情。可誰都知道，那個時候地球上根本就沒有人類，因此，很多人都認為向世界介紹瑪雅文明是「魔鬼」幹的活。

用活人祭祀的瑪雅人

雖然史蒂芬斯和卡塞伍德早在1839年就發現了瑪雅文明，但是由於當時人們的知識有限，根本無法破譯瑪雅人的象形文字。因此在很長的一段時間內，人們都無法確切地了解這個遠古的文明。直到第二次世界大戰以後，美國和蘇聯紛紛投入大量人力物力，並動用當時最先進的電腦，這才一點一點地將這個遠古的文明逐漸展現在眾人眼前。不過也正是因為他們逐漸了解了瑪雅文化，才深深地被瑪雅人的那種血腥所震驚。

在大型的瑪雅遺跡中，人們常常能看到一口用來屠殺活人，以祭祀神靈的「聖井」。考古學家們甚至可以穿越千年，在腦中描繪著那個血腥無比的場面：在一個盛大的祭祀場景中，那些自稱神靈僕人的祭司們用鮮血將自己塗得亂七八糟，並圍在聖井的旁邊手舞足蹈，口中還振振有詞地念叨著咒語。隨後，他們念完了咒語，猛然一揮手，那些強壯的瑪雅士兵就會狠狠地將一個個鮮活的生命推入井中。這些人之中有婦女也有小孩，更有青壯年的奴隸。當這些人被井中的尖矛利刃切割得血肉模糊，內臟混合著鮮血染紅了井水的時候，這些瑪雅人相信自己的未來會受到神靈保佑而風調雨順，一切平安。

被剁成碎塊的瑪雅國王

關於瑪雅人的滅亡，史學界一直爭論不休，不過最近發現的一個殺人坑，也許能從一個側面反映出瑪雅滅亡的部分原因。

2005年，一支由考古學家和人類專家聯合組成的國際科考隊對一個瑪雅遺跡進行了挖掘，並在一個1200年前的大坑內發現了50多具被殘忍分屍的人類骸骨。毫無疑問，這裡曾是一個用於活人祭祀的祭祀坑。但是讓科學家沒有想到的是，在這些骸骨中，他們竟然發現了一具國王的骸骨。在1200年前，當這位可憐的國王在自己的王宮內處理政務的時候，突然，從遠處傳來了陣陣如同悶雷一般的馬蹄聲，滾滾

的煙塵衝上藍天，一群另一個瑪雅王國的士兵狠狠地衝殺了過來，並打敗了這個王國的軍隊。隨後，那些士兵們揮舞著利斧和長矛，將連同國王在內的50多位王宮貴族全部殺害。不僅如此，這群殘忍的劊子手，還把這些屍體剁成了無數塊，最後才心滿意足地將殘肢扔進了祭祀坑，並把其他人當成奴隸，高傲地帶了回去。

考古學家們相信，正是1200年前各個瑪雅王國間的大混戰和隨意的血腥屠殺，才最終造成了一個璀璨文明的覆滅。

現代的領航員竟然出現在瑪雅人的浮雕上

20世紀的50年代，一位墨西哥籍的考古學家在一座瑪雅神廟內考察的時候，突然驚訝地發現了一個帶有奇怪頭飾的青年浮雕。他隨即對其進行了極為細緻的觀察，最後驚訝地發現，這個浮雕上的年輕人竟然與我們現在的領航員十分相似。身上的穿著打扮不僅與當時的瑪雅人截然不同，而且更像領航服。更重要的是，在這個青年的背後，還有一個類似火箭噴射器的推進裝置，而且那個火箭噴射器還向後不斷噴射出熊熊的火焰。那麼，在幾千年前，瑪雅人是怎麼知道有火箭這種東西的呢？難不成真是外星人的傑作嗎？這個問題，只有等到科技更加發達的未來，我們才能夠得到答案。

人煙稀少，危險不斷

100天穿越撒哈拉沙漠的中國第一人

自從西元前430年左右，「撒哈拉」這個詞語第一次出現在人類的文字記載當中時，那裡就一直是一片人煙稀少的大沙漠。然而，就在2001年，大陸新疆環境保護科學研究所的研究員袁國映，卻再一次向這片生命的禁區發起了挑戰，成為了中國穿越撒哈拉沙漠的第一人。

旅程剛開始就遇上的巨大沙暴

2001年10月21日這一天，袁國映的「中英撒哈拉沙漠環境科學考察隊」正式開始他們的穿越撒哈拉之旅，他們計畫要在3個多月的時間裡，沿著一條已經廢棄的千年古駝道，行進2300多公里，穿越撒哈拉大沙漠，最終到達利比亞的南部城市米茲達。在這次穿越的途中，他們將由南向北地依次穿越稀樹草原、幹草原、半荒漠草原和真正的荒漠。沒有想到的是，就在開始穿越的時候，一場大沙暴給了他們迎頭一棒。沙暴是很強勁的風將地面的沙土全部捲積起來，讓空氣變得異常渾濁的現象。其實在沙漠之中，沙暴十分正常。當沙暴來臨之時，袁國映他們清晰地聽到了來自大自然的狂暴呼號之聲，看到了揚起漫天的黃沙，無情地吞噬著大漠中的一切。僅僅幾個小時之內，一切的交通都將中斷。當沙暴好不容易過去以後，再回頭看看曾經的村莊，驚訝地發現，這裡好像是剛從沙堆裡被挖出來一般，不管是街巷、廣場還是房舍之上，都蓋滿了厚厚的沙土。

沙丘在風的吹拂下像滾雪球一樣的地移動

隨著時間的流逝，袁國映一行人很快穿過了半荒漠和荒漠化的草原，開始真正進入到沙漠地帶。這時，他們看到了沙漠之中的特有奇觀——會移動的沙丘。

沙丘會移動，乍一聽似乎很不可思議。遠遠看過去固定在地面上的沙丘好端端的，怎麼會移動呢？其實，沙丘的流動在沙漠地區是一種十分正常的現象。由於地表植被稀少，極小的沙粒根本無法固定在沙丘之上。於是，在風不斷地吹拂下，沙丘外層的沙粒就會像滾雪球一樣不斷向著沙丘的背風坡處移動，如此一來，從遠處看去，就好像是沙丘在不斷地移動。

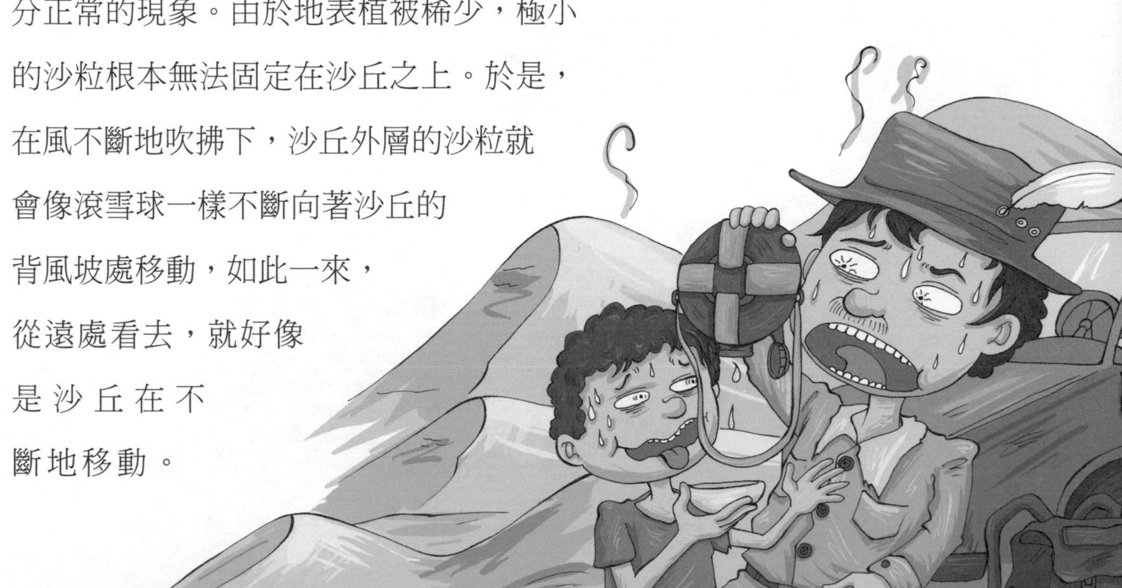

其實，這也是沙漠裡那起伏不定的沙海形成的主要原因之一。因為沙漠裡的大風常常將大量的風沙吹成一堆，但是細小的沙子又不穩定，總是會向下滑落，就形成了一道一道好像海浪一樣的波痕，沙海之名由此得來。而就是在這樣的沙海之中，袁國映一行人整整行進了兩個月，終於在2002年的2月1日到達米茲達。因為古駝道的破壞，他們只能乘車到達最終的目的地，至此，整整耗時100天、行程2300公里的撒哈拉之旅，才算是正式落下帷幕。

破壞植被、加劇土地荒漠化的閉環

在這次漫長的撒哈拉沙漠旅行之中，讓袁國映最震撼的，要數撒哈拉沙漠本身。通過對撒哈拉沙漠的研究，他發現，距今約7000年前，撒哈拉曾是一片豐腴的沃土，眾多的動植物在這裡繁殖生長。那時的撒哈拉人民在這裡創造了發達的畜牧業。但是到了後來，由於地球的氣候變

化，這裡的降雨量變得越來越少，水分的蒸發量反而變得越來越大，於是江河日益乾涸，這裡的森林和草原就這樣逐漸演化成為了大沙漠。當然，撒哈拉地區的這種變化也與非洲早期的刀耕火種、肆意毀壞森林和踐踏植被的行為不無關係。隨著植被的枯萎退化，致使水分的流失更加嚴重，而這個時候，人們又會遷徙到另外一個地方，去繼續破壞那裡的植被環境。這樣一來，人們就陷入了一個永遠沒有終點的惡性循環。同時，撒哈拉沙漠也隨著人類的循環，而變得越來越大，直至形成了今天我們見到的這個樣子。

其實在沙漠之中是有水存在的

說起沙漠，很多人的腦海中總是會浮現出一片黃沙漫天、乾旱得冒煙的不毛之地。其實，這是不了解沙漠的人對沙漠的誤解，對於常年生活在沙漠裡的人來講並非如此。就拿在沙漠中最重要的水源來說吧，很多人都認為在沙漠之中沒有水分的存在。當然，在大部分的地方，是這樣的。但是如果有機會從高空中俯視整個沙漠的話，就會驚訝地發現許多綠洲，就好像是繁星一樣，零零散散地點綴在沙漠之中。不僅是綠洲，而且在許多看上去被黃沙覆蓋的地方，其實只要你願意花費力氣挖兩鏟子的話，就能夠獲得清澈的地下水。不過，要尋找這種地下水源，必須有駱駝的幫助才行，因為人的鼻子可沒牠的那麼靈敏——可以透過黃沙，聞到地下水的氣味。

「隆隆」，角馬來啦！

非洲探險第一人

現在，對於許多熱愛探險的人來說，保持原始自然風貌的非洲無疑是一個絕好的去處。我們僅僅是跟隨著前輩們的腳步在探險，不過就算是這樣，過程都驚險萬分。世界上第一位獨自橫穿非洲的人利文斯敦，無疑值得我們尊敬。

隆隆遷徙的角馬群

利文斯敦是蘇格蘭的一位博士和傳教士，他從小就對大自然充滿了好奇。於是，1841年，利文斯敦帶著自己的夢想來到非洲。

然而，就在利文斯敦剛踏上非洲的土地，準備信心滿滿地開始他那橫穿非洲之旅的時候，地面突然沒有任何徵兆地顫動了起來。並且，在迎面吹過來的大風中，他聽到了「隆隆」聲響，彷彿有幾萬面戰鼓一齊擂動，震耳欲聾。利文斯敦抬頭朝遠處望去，只見揚沙漫天，像有成千上萬的馬匹在飛奔一般。在這種情況下，周圍的小動物們都嚇得四下逃散。

看著這個場面，利文斯敦又是害怕又是好奇，於是他急忙跑到一個小山丘上，借助從背包裡取出的望遠鏡才

發現，原來那只是正在進行季節性遷徙的角馬群而已。他想過去進行近距離觀察，但他知道，別看這些角馬長得像牛一樣強壯，實際上非常膽小。也正因為如此，角馬才需要一起行動，似乎只有在集體中，這些膽小的大傢伙們才能夠感覺到些許安全。如果在這個時候，有獅子稍微驅趕一下，這些角馬就會嚇得迅速奔跑起來，這就是為什麼在非洲大草原上常常能夠看到大批角馬奔騰的情景了。

被獅子襲擊

追隨著一群正在遷徙的角馬，利文斯敦走過一片又一片大草原。就在他來到一片新的草原，準備找個地方歇腳的時候，突然有輕微聲響從身後傳來，這聲音不得不引起他的注意。

他慢慢地轉過身去，只見一頭體長接近2公尺的非洲雄獅正瞪著牠那銅鈴一般的大眼睛，惡狠狠地看著他。剎那間，那隻獅子就朝利文斯敦撲了過來，並張開血盆大口狠狠咬去。事情發生的實在是太突然，他根本來不及反應，就被獅子咬住了左臂。他知道，獅子的咬力十分巨大，可以達到驚人的400公斤，能輕鬆地咬斷一根拇指粗的鋼管，更別說是自己那脆弱的手臂了。當獅子尖銳的牙齒紮進肉裡的時候，鑽心的疼痛讓利文斯敦痛苦地大喊出聲。但是

隨即他也做出了反擊，強忍著從胳膊上傳來的疼痛，右手急忙從背包裡抽出一把手槍，毫不猶豫地對著獅子就開了一槍。

「砰！」隨著一聲清脆的槍響，獅子痛苦地逃離了，而利文斯敦也驚險萬分地逃過一劫。

有蛆在傷口下蠕動

在非洲，受傷無疑是一件十分麻煩的事情，因為在這炎熱的天氣下，血液流動非常快，讓傷口變得難以癒合。不僅如此，從傷口散發而出的新鮮血液的味道，也能極大地吸引蚊子一類的吸血昆蟲。這些無處不在的吸血鬼們，不僅在白天對利文斯敦進行狂轟亂炸，就是在夜晚也擾得他不得安寧。

幾天以後，利文斯敦突然感覺傷口瘙癢難耐，於是就抬起自己的左臂稍微觀察了一下。可是不看不要緊，一看嚇一跳。他發現在自己的傷口下面，竟然有幾條蠕動著的蟲子。當時他嚇壞了，不過後來發現那是蛆，是這幾天一直騷擾自己的蒼蠅的幼蟲。很有可能就是其中的某一隻或者幾隻蒼蠅，趁著自己睡覺的時候，偷偷地把卵產在了自己的傷口裡。由於氣候和環境適宜，卵很快就孵化成了蛆，這些惡心的小傢伙在自己的傷口裡爬來爬去，自然讓自己瘙癢不堪。

略懂生物學的利文斯敦知道，這些蛆可以吃掉傷口裡的腐肉，並且不會

排泄，因此是野外治療傷口的最佳幫手。但是，就這樣放任牠們在自己的身體裡橫行無忌也不是辦法，於是他就強忍著疼痛，用一把燒紅的匕首，將傷口裡的蛆全部都挑了出來，再用布死死地包裹了幾層後，繼續踏上了他的非洲探險之旅。雖然在探險過程中總會遇到各種困難，但都被利文斯敦一一化解，就這樣他成為了非洲探險第一人。

持續時間短，破壞力極強！

追逐龍捲風的人

龍捲風是在極不穩定的天氣條件下，由強烈的空氣對流運動產生的一種能高速旋轉的漩渦雲柱。它的破壞力極強，能將幾十公尺高的大樹連根拔起，把幾層高的樓房掀翻。也正因為如此，許多人對龍捲風痴迷不已，都想到它的周圍一探。

痴迷龍捲風的吉姆

吉姆是一位攝影愛好者，與所有同行不一樣，他的大部分時間不是用來鑽研攝影技術，而是在研究天氣。這是怎麼回事呢？原來，吉姆的攝影對象並不是那些像山水樹木一樣的不動體，也不是像鳥獸一樣的動物，而是一種神祕莫測的天氣現象——龍捲風。甚至，吉姆為了研究龍捲風，都把自己的家搬到龍捲風多發的堪薩斯州來了。

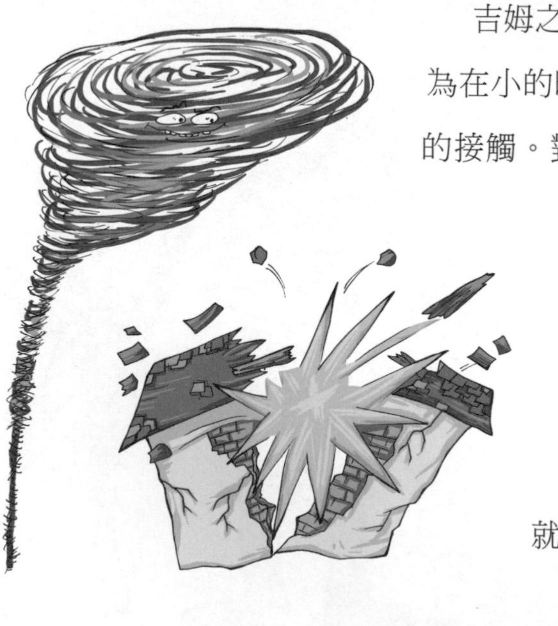

吉姆之所以對龍捲風如此痴迷，就是因為在小的時候，他曾與龍捲風有過近距離的接觸。對於他來說，龍捲風根本沒有人們傳言的那樣可怕，他甚至這樣形容龍捲風：「她只是一個刀子嘴豆腐心的好姑娘，雖然看上去她的脾氣很暴躁，但實際上你接近和了解她以後，就會發現其實她很溫柔的。」

突然，一聲淒厲的警報聲響起，那是吉姆自製的龍捲風預報機，牠能夠根據天空雲層的變化來判斷龍捲風的形成。而他在聽到警報聲後，就像吃了興奮劑一樣，抓起照相機就急急忙忙地跑了出去。吉姆很快就發動了汽車，這個時候，他透過汽車的玻璃，能清楚地看到在遠方天空中一個凸出雲層的圓角。擁有豐富龍捲風知識的吉姆知道，那是龍捲風形成的先兆。隨後他狠狠地一踩油門，就駕駛著汽車疾速地朝龍捲風的方向狂奔而去。

頂著冰雹和閃電進行拍攝

隨著時間一分一秒的過去，在吉姆的視野裡，天空中的那個圓角逐漸地加長，就好像是一根從雲層往下長的竹筍一般，最後與地面連接了起來，形成了一道猛烈旋轉的風柱。從他的角度看過去，可以清楚地看到在旋風的周圍，不斷有沙石和塵土被捲積起來，被強大的氣流吸入「體內」。而隨著被吸進去的沙石塵土越來越多，龍捲風的顏色

也從最初的白色，漸漸變成了黑色。不僅是龍捲風的顏色變了，就連天空中的雲朵也彷彿被墨汁澆染了一般，變得一片漆黑。這個時候，他似乎預感到了什麼，趕緊拿起了照相機，此時，正好一道粉紅色的閃電劃過天空，被吉姆一下子捕捉到了。

吉姆在拍攝了閃電劃過龍捲風的精采瞬間後，趕緊關上了汽車的窗戶。就在這時，一陣劈里啪啦的聲音響起，與龍捲風相伴10多年的吉姆知道，那是由於龍捲風產生時強烈的冷熱空氣對流，在高空極冷空氣的作用下，水蒸氣迅速凝結形成的冰雹。這些冰雹，有些只有米粒般大小，但是有些卻比一個人的拳頭還要大。從幾萬公尺的高空墜落而下，那強大的衝擊力甚至可以直接砸穿屋頂。不過，這並沒有嚇倒吉姆，他仍然執著地開著汽車，繼續朝龍捲風駛去。

轉瞬即逝的龍捲風

一般來說，龍捲風的壽命很短，從十幾分鐘到幾個小時不等，因此，吉姆為了搶奪第一手資料，只得將汽車開得飛快。在朝龍捲風飛奔而去的路上，他見到了許多不可思議的情景：一根稻草長在樹幹上，很顯然，並不可能是稻草自己長上去的，而是被龍捲風以極快的速度帶起，然後插進樹幹之中。吉姆還見到遠處許多房屋轟然爆炸，他知道那是因為在龍捲風的中心氣壓很

低，造成了建築物中的空氣急劇膨脹，最終導致了建築物的爆炸。這種作用就像是經常生活在很深海底的動物長期承受海底的高壓，如果一下子來到陸地上，它們也會驟然炸開一樣。不僅如此，就是人類突然到達沒有壓力的外太空，也必須穿著宇航服。如果不穿，那麼所有的領航員都將像手雷一樣轟然炸開。

不過，這種驚人的場面並沒有進行多久。僅僅半個小時，龍捲風就消失了，但是吉姆並沒有放棄，他依然要堅持他那「風暴追逐者」的旅程，繼續追蹤下一個龍捲風。

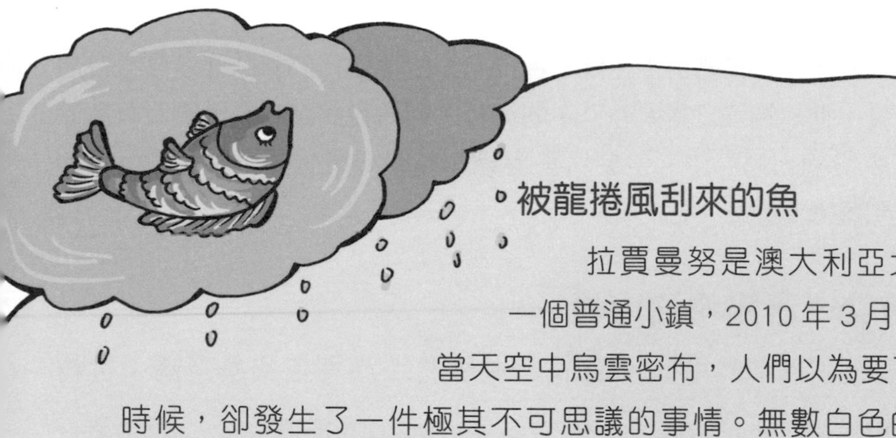

被龍捲風刮來的魚

拉賈曼努是澳大利亞北部的一個普通小鎮，2010 年 3 月 1 日，當天空中烏雲密布，人們以為要下雨的時候，卻發生了一件極其不可思議的事情。無數白色的小魚竟然伴隨著雨水從天而降，給這個小鎮帶來了一場怪誕的「魚雨」。根據科學家們的解釋，這種現象其實是龍捲風將大海或者河流中的小魚捲積到了天上，再隨著雨水降落在了小鎮之上。而由於高空的氣溫過冷，降低了這些魚體內的新陳代謝，所以等到魚再降落到地面上的時候，依然還是活著的。

水量充沛，孕育文明

聞名全球的大探險家——植村直己

1941年2月12日，植村直己出生在日本長澤縣一個普通人的家庭裡。誰也沒想到，幾十年後，他成為了日本人心目中的英雄，同時也銘記在全世界所有崇尚勇敢、愛好探險的人們心中。他成功登上過珠穆朗瑪峰，隻身漂流過亞馬遜河，一個人到達過北極點。

登上一座又一座險峻的山峰

植村直己在日本曾用52天時間，從最北端徒步走到最南端，行程3000餘公里。其間他常常是一手拿著英語讀本，邊走邊念；一手擒著一條毛巾，邊走邊擦汗，每天平均走58公里。所以才鍛鍊出這麼優秀的體魄和堅定的毅力。

植村直己上大學的時候，參加了大學裡的登山隊，真正開始從事自己嚮往的登山探險活動。在大學幾年的寒暑假中，他已經登遍了包括海拔3776公尺的富士山在內的日本所有著名山峰。1966年10月，25歲的植村直己獨自前往坦尚尼亞，順利地登上了海拔5963公尺的非洲最高峰

——吉力馬札羅山。接著，他又到地球的另一邊，登上了位於智利境內的南美洲最高峰阿空加瓜山，這座山峰高達6960公尺。1970年5月11日，植村直己成為日本第一個攀上亞洲最高峰，也是世界最高峰珠穆朗瑪峰（8844.43公尺）的人，並載入史冊。

植村直己在近十年的時間裡實現了自己攀登五大洲最高峰的志向，除了珠穆朗瑪峰外，其餘的登山活動都是他一個人獨自完成。其中，他還攀登了古希臘神話中被稱為「神山」的阿爾卑斯山的最高點勃朗峰。

獨自漂流亞馬遜河

植村直己登上了那麼多險峻的高峰，1968年的4月，他決定做一次水上的探險嘗試——乘木筏獨自漂流亞馬遜河。

植村直己找到當地的農家，用他們圈馬的圓木紮了一隻木筏；用那些寬寬大大的棕櫚樹葉，為自己在木筏上搭了個可以棲身遮雨的窩棚。接著，他又準備了一些鍋、碗、爐子等炊具。4月20日，一切準備就緒，植村直己的亞馬遜河獨身探險開始了。

在亞馬遜河裡，有一種能把落水的人和動物吃得只剩下骨頭的魚，這種魚雖然凶猛，但是味道鮮美。植村直己常小心翼翼地將牠們捕捉上來當作食物，但是需要很集中精力，否則一旦木筏翻倒，自己落入水中，就會葬身魚腹。

最可怕的就是亞馬遜河流域的蚊蟲，這些蚊蟲一見到人，就一團一團地撲過來，直往植村直己的鼻子、耳朵裡鑽，不一會兒，就把他的臉叮得又紅又腫。要是他打個哈欠，這些蚊蟲還會鑽進他的嘴裡去叮咬，真是太可惡了！

植村直己還遇到過強盜和數次的暴風雨，在漂行了整整60個晝夜，航程6100多公里之後，終於到達了巴西境內大西洋岸邊的亞馬遜河入海口——馬卡帕港。至此，他成功地征服了亞馬遜河。

隻身到達北極點

1978年，植村直己隻身探險北極。他坐上由17條狗拉的雪橇，從加拿大的北極群島埃爾斯米爾島北端的哥倫比亞角出發，開始了向北極的遠征，行程約900公里。他攜帶了一部收發報機，以便進行聯繫。同時，還從氣象衛星那裡定期獲得天氣預報。在探險期間，他採集了極地的冰、雪和空氣標本，進行了科學研究。加拿大的飛機按預定地點和日期為他設了10個空投點，空投補給品。儘

管有這些現代化的技術裝備，這次探險仍是極其艱難驚險的。10多公尺高的冰山有時擋住了他前進的去路，北極熊時常對他進行襲擊，-40℃的嚴寒和暴風雪，特別是冰塊的漂浮和破裂經常嚴重威脅著他的生命安全。終於5月1日，植村直己到達了北極點，8月22日回到格陵蘭。

葬身麥金利峰

位於北美洲北部的麥金利峰，海拔 6193 公尺，是北美洲最高峰，也是這個大陸最寒冷的山，比喜馬拉雅山還要冷。1970 年 3 月，植村直己獨自登上了這座高峰，但是他還想創造冬季攀登麥金利峰的紀錄。

植村直己 1984 年 2 月 12 日登頂成功，但他在下山途中，麥金利峰的天空突然刮起了每秒 100 公尺的大風，氣溫低達 -40 ～ -50℃。植村直己不幸遇難。人們進行空中搜索時，在 4360 公尺處找到他的雪鞋、一根竹竿和一根滑雪仗。除此之外，沒找到任何有人類生命的跡象。

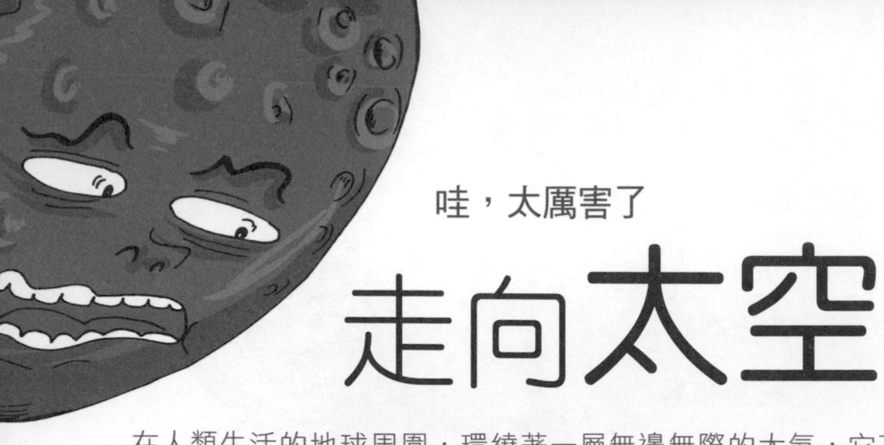

哇，太厲害了

走向太空

在人類生活的地球周圍，環繞著一層無邊無際的大氣，它高深幽遠、神祕莫測。多少年來，許許多多勇敢的探險家都想到太空去探險，也有不少人為此付出了沉重的代價。

挑戰者號爆炸

太空梭是往返於太空和地面之間的航天器，有了它，人們就可以了解太空的奧祕。太空梭可以重複使用，就像連接於城市之間的火車一樣，它把衛星帶到太空，放置在預定軌道上，其自身攜帶的空間實驗室又為科學工作者提供了新的實驗領域。太空梭的誕生，標誌著航太事業發展到一個新的階段。

1986年1月28日上午，在美國佛羅里達州，挑戰者號太空梭矗立在高大的卡納維爾角火箭發射場上，準備進行第十次發射。7位領航員全部進入機艙，其中有一位女性，她叫克里斯塔・麥考利夫，是新罕布什爾州康科特中學的一名數學教師。她是1.1萬名太空探險申請者中，經過數十次嚴格檢查後脫穎而出的唯一幸運者。

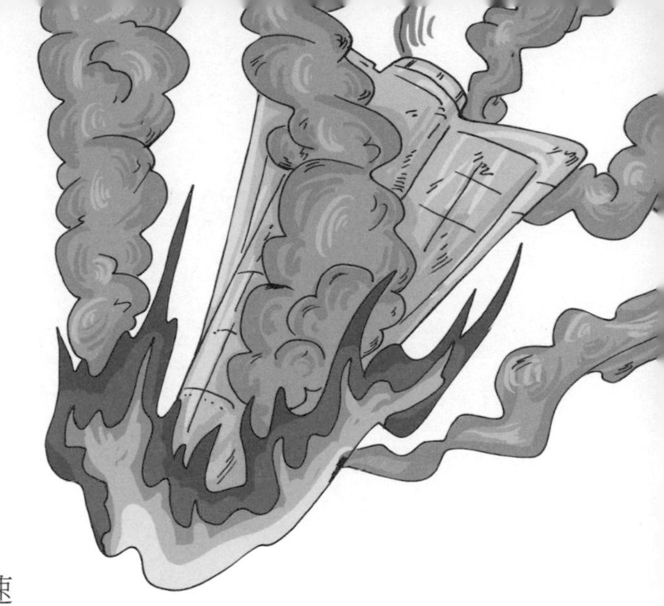

美國東部時間中午11點30分，指揮中心發出命令：點火升空。隨即火箭底部被點燃，在隆隆的巨大響聲中拖著火柱緩緩上升。

但是，不幸發生了——火箭剛剛飛行75秒鐘以後，在以3倍音速到達約16.4公里的高空時，突然起火爆炸。天空中先是出現一個巨大的火球，瞬間，白色的太空梭在閃光中分裂成大小不一的碎片，向四周迸發出去。碎片在發射場東南方30公里的地方散落了一個小時之久，價值12億美元的太空梭頃刻化為烏有，7名機組人員全部遇難。多麼殘酷啊！2月3日，美國宣布成立失事調查委員會，調查造成這次災難的原因所在。

後來，事故調查委員會查明，造成這次悲劇的原因，僅僅是因為火箭的助推器上的一個小小的密封橡膠圈老化。這次血的教訓警告人們在探險活動中必須仔細，再仔細！

哥倫比亞號讓歷史重演

挑戰者號的失事，並沒有摧毀人類探索太空的信心和勇氣。挑戰者號的姊妹們——哥倫比亞號、發現者號、亞特蘭蒂斯號以及後來接替挑戰者號的奮進號，依然義無反顧，一艘接著一艘地飛向那遙遠的太空。

哥倫比亞號太空梭1981年4月12日首次發射，是美國最老的太空梭。2003年1月16日，哥倫比亞號進行了它的第28次飛行，這也是美國太空梭22年來的第113次飛行。此時，距離挑戰者號失事，已經整整17年了。

哥倫比亞號本次飛行總共搭載了6個國家的學生設計的實驗項目，其中包括中國學生設計的「蠶在太空吐絲結繭」實驗。7名領航員包括第一位進入太空的以色列領航員拉蒙和兩位女性。

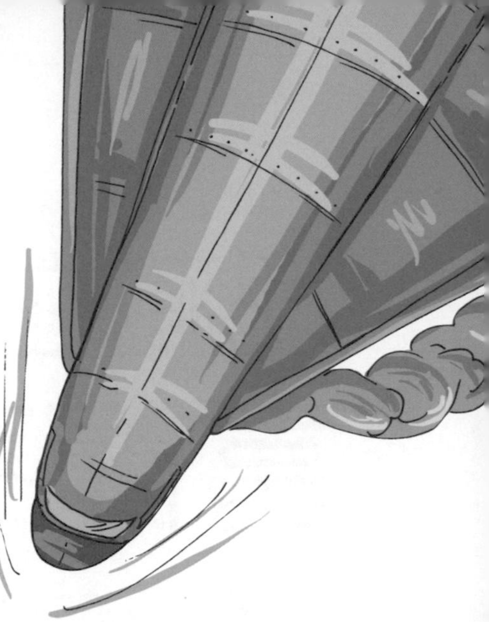

2003年2月1日，哥倫比亞號太空梭在結束了為期16天的太空任務之後，返回地球。在哥倫比亞號著陸前16分鐘，突然在空中解體，解體的哥倫比亞號在德克薩斯州上空劃出了數條白色的軌跡，7名領航員全部罹難。

2008年12月30日，美國宇航局關於哥倫比亞號太空梭失事的最終調查報告出爐，結果發現，發射升空時太空梭外部燃料箱泡沫絕緣材料脫落擊中了左翼，給返航埋下隱患。

發現者號勝利升空

挑戰者號的失利，使得太空梭停飛了將近 3 年的時間。在 1988 年 9 月，還是在佛羅里達州的卡納維拉爾角發射場上，發現者號太空梭再次升空。100 多萬觀眾和 5000 名記者在現場觀看，但是，在火箭點火升空的瞬間，發射場上只有火箭的轟鳴聲，人群中一片寂靜。當指揮中心宣布「發射成功」時，人們才發出由衷的歡呼聲。5 名領航員釋放了一顆衛星，並完成了幾項科學實驗，這標誌著人類對太空的探索再次走上正軌。1990 年 4 月 24 日，發現者號將哈勃太空望遠鏡送上軌道，人類從此可以觀察到遙遠的宇宙了。

出海探險，不幸喪命

埋藏在北冰洋裡的富蘭克林

20世紀末，一位加拿大的人類學家，在美國最靠近北冰洋的阿拉斯加州一個威廉國王島上，發現了31塊人類骨骼。當這位人類學家將這一發現公布時，當即就震驚了世界。經過深入的研究，人們發現了一個埋藏了很多個世紀的驚天大祕密。

為冰川之旅做好充分準備

1845年，當時的海上強國英國，想尋找一條繞道俄羅斯或者加拿大，從北冰洋到達亞洲的新航線。為此，英國政府組織了一次北極探險之旅，而當時大名鼎鼎的極地探險家富蘭克林，也欣然地應招入伍。

富蘭克林根據自己在北極多年的探險經驗，在出發之前做了充足的準備。他挑選了當時最先進的探險船，這種船不僅配備有前所未有的供暖系統，而且還裝有厚厚的橡木横梁以抵擋浮冰的衝撞和擠壓。在北極，由於氣溫很低，海洋表面的水常常會凍結成堅硬的冰塊，從而阻礙船隻的前行。不過當時的人們認為，這種新式的探險船完全可以帶領他們穿越整個北冰洋。

1845年5月19日，富蘭克林自信滿滿地率領著由129人組成的探險隊出發了。他們首先駛向世界最北的格陵蘭島，然後沿著加拿大的北海岸線一直向西航行。按照富蘭克林的計畫，他們很有可能會在途中遭遇北極漫長的冬季，船會被凍在厚厚的冰層中。因此，他準備了足夠用3年的食物和藥品，以及其他的一些必要物資。在當時，幾乎所有人都認為，最多兩年，這個探險隊就會成功返航。

食用罐頭造成的鉛中毒

富蘭克林帶領的探險船隊在第一年進展得十分順利，他們行駛在格陵蘭島與加拿大之間的海域，並沒有發現大片浮冰。然而，當到了第二年6月的時候，他們終於遇到了探險以來的第一個危機：海面上的浮冰並沒有像去年那樣解凍，也就是說，他們被完全困在浮冰之上了。

不過富蘭克林對此早有準備，在船艙下面那幾千桶的罐頭，將是他們在浮冰解凍前的食糧。也許，他們會

隨著浮冰一直漂到太平洋，當時他這樣天真的想到。然而，老天又給他們出了一道難題。半個月以後，許多船員開始出現腹痛、嘔吐、頭痛、頭暈等病症。對此，富蘭克林只以為是吃了一些不乾淨的食物，並未理會。可是後來有一天，一位船員突然口吐白沫，並伴有全身間歇性的抽搐，就好像羊癲瘋發作一般。隨後，當其他船員想過去照顧他的時候，他卻猛然跳了起來，不斷地對靠近自己的船員撕咬和抓撓，就彷彿瘋了一樣。大家費了九牛二虎之力才把他制服。後來經過隊中醫生的詳細檢查才發現，這位船員是鉛中毒。聽到這個消息，富蘭克林這才想到，這些天探險隊所有的食物都是鉛罐頭。想明白病因之後，他立即下令停止食用罐頭食品，大家的病症才得以減輕和消除。

食物耗盡的探險隊開始人吃人

富蘭克林的探險進入到了第3年的夏天，浮冰依然沒有解凍，而在這個時候，他們儲存的食物卻已經吃完了。在飢餓感的驅使之下，許多船員開始抓船上的老鼠充饑。看到這種情況的富蘭克林眉頭

一皺，他顯然有一種不好的預感。

終於，在一個星期以後，不好的預感變成了現實。一天夜裡，富蘭克林起來上廁所，突然聽到從甲板上傳來的異樣的聲響。於是，他大著膽子，小心翼翼地上去一探究竟。可就在他到達甲板上的時候，被眼前發生的一幕驚呆了。

幾個壯碩的船員此時正圍坐在一堆篝火前面，似乎在燒烤著什麼。富蘭克林借助火光，看清了那被燒烤的東西以後不由大聲驚叫出聲，因為那赫然是一個人，一個被烤熟的人。

富蘭克林的驚叫聲毫無疑問地驚動了那幾個正在吃人的船員，他們就像野獸一樣將他一下子撲倒，隨即抽出匕首將他殺死，當成了第二天的晚餐。直到100多年以後，人們才知道富蘭克林的死因，這個埋藏了許多年的祕密終於見天日了。

富蘭克林與他 4 歲女兒的心靈感應

心靈感應，是一種大多數人都認為存在的超能力。一般認為，在所有人的大腦中都存在著一種特殊的磁場和腦電波，人們可以將這種腦電波發射出去，把自己的想法傳給另外一個人，就好像發報機和接收器一樣。腦電波的這種相互傳遞就被人們稱為心靈感應。讓人沒有想到的是，富蘭克林竟然和他 4 歲的女兒之間有著一種特殊的心靈感應。當富蘭克林的探險隊在北冰洋中遇險的時候，他遠在蘇格蘭的 4 歲女兒就感應到了。並且，她還依照富蘭克林傳遞給她的資訊繪製了一張海圖。不過當時並沒有人相信，但是後來的發現證明，她繪製的海圖竟然真的帶領人們找到了富蘭克林的殘骸。

世界上還有這麼小的人啊！

對敵人惡毒詛咒的縮頭術

不管是在大陸還是在西方，都流傳著一個關於小人國的傳說：在東海之外的茫茫島嶼上，有一個叫周僥的小人國，那裡的人都住在山洞中，身高大概只有1公尺左右。那麼，小人國在現實中到底是否存在呢？

像狼一樣潛伏在草叢之中的「小人們」

在南美洲綿延8900多公里的安第斯山脈中，曾經誕生過一個獨具特色的印加文明，同時伴隨著這個古老文明的，還有一個十分神奇的傳說。遙遠的過去，曾出現過一個神祕的「小人國」，這個國家的人們雖然身材十分矮小，但是卻健壯彪悍、凶狠好鬥。他們能在懸崖峭壁上攀爬，也能在崎嶇的山路上快速奔跑。他們常常埋伏在山坡的草叢和密林之中，身後背負著許多塗有烈性毒藥的箭。對於南美洲的土著來說，用毒幾乎可以說是一項生活本能。在這裡，

生活著一種身體很小，並且身上長滿了非常顯眼的斑點的青蛙。這種青蛙體內能分泌出一種烈性的生物鹼，牠可以有效地破壞生物體內的組織器官，進而造成人和動物的死亡。小人國的小人們就是把這種毒塗抹在箭上，用來射殺敵人。不過可惜的是，「小人國」所在的地方突然發生了一次劇烈的火山爆發。無盡的火山灰從地下被狠狠地甩上天空，遮住了天上的太陽，那可以將金子熔化的橘紅色岩漿就像一條大河一般奔湧而出，覆蓋了整個「小人國」所在的密林。從那以後，這個神奇的「小人國」就在地球上澈底地消失了。

縮頭術詛咒敵人永不超生

小人國的故事，引起了挪威學者海雅達爾的濃厚興趣。他在1947年進入厄瓜多爾的雨林，他在那裡發現了一個只有拳頭那麼大的頭顱。當時他以為自己終於找到了小人國，可惜的是，附近的印第安人告訴他，這個拳頭大小的頭顱並不是「小人國」裡的居民的，而是一種特殊的縮頭術，是他們對外族仇人進行懲罰的惡毒詛咒。根據當地的傳說，很早

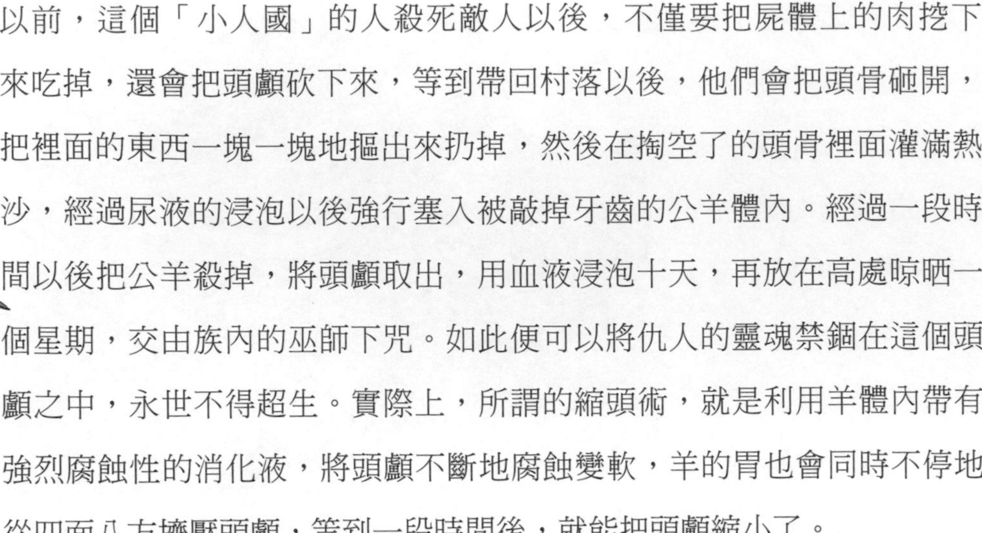

以前，這個「小人國」的人殺死敵人以後，不僅要把屍體上的肉挖下來吃掉，還會把頭顱砍下來，等到帶回村落以後，他們會把頭骨砸開，把裡面的東西一塊一塊地摳出來扔掉，然後在掏空了的頭骨裡面灌滿熱沙，經過尿液的浸泡以後強行塞入被敲掉牙齒的公羊體內。經過一段時間以後把公羊殺掉，將頭顱取出，用血液浸泡十天，再放在高處晾晒一個星期，交由族內的巫師下咒。如此便可以將仇人的靈魂禁錮在這個頭顱之中，永世不得超生。實際上，所謂的縮頭術，就是利用羊體內帶有強烈腐蝕性的消化液，將頭顱不斷地腐蝕變軟，羊的胃也會同時不停地從四面八方擠壓頭顱，等到一段時間後，就能把頭顱縮小了。

身高只有48公分的小人乾屍

雖然「小人國」消失在火山爆發之中，而且「小人國」特有的縮頭術也只是存在於印第安人的傳說之中，但是卻有海雅達爾和其他一些學者找到的許多實物為證，並且其中一些就被放在祕魯國立人類學和考古學的博物館裡。不過，「小人國」可不是南美的專利。早在1934年的時候，美國內布拉斯加州的兩個職員去洛磯山脈挖金礦，就無意間發現過

一具「小人」乾屍。經專家鑑定，他身高只有48公分，骨骼與人類完全一致。經過專家的進一步研究發現，這很有可能是縮頭術的升級版。也就是說，極有可能是古印第安人首先將死去的人的內臟全部從嘴巴裡掏出來，再浸泡在一種溫和的腐蝕溶液中，然後用油布紙不斷擠壓，最終變成了人們所發現的乾屍小人。不過，這個「小人世界」究竟是什麼樣的，恐怕還要等到科技更加發達的將來，科學家們才能為我們解答吧！

非洲仍然存在的小人國──俾格米人

在非洲中部和亞洲、大洋洲的少數地方，生活著十分原始的俾格米人，他們世代居住在森林之中，過著與世隔絕的生活。他們的身材十分矮小，一般身高都在 120-130 公分左右，就是其中最高的，也不超過 140 公分，而且身體十分勻稱，並不是像那些患有侏儒症的病人一樣。在這裡，他們過著男人打獵，女人採集樹根、野果的原始生活，對於他們來講，根本沒有數字和時間的概念，以至於連人們問他們幾歲了都無法回答。

傳說眾多，神祕莫測

從沙漠中挖出來的瑰寶——樓蘭

在大陸新疆維吾爾自治區羅布泊西岸的一塊荒涼大地上，散落著古城遺址、古墓葬群、木乃伊和古代的岩壁畫等等眾多充滿神祕色彩的人類遺跡。你知道嗎？在這個地方，還有一個享譽世界的遺址——樓蘭。

找鐵鏟找出來的樓蘭古城遺跡

1900年，瑞典的著名探險家赫定，因為受到西方狂熱的探險浪潮的影響，來到中亞。他想在這裡尋找那些已經消失在歷史中的古老文明，於是帶領探險隊首先來到了已經乾涸的孔雀河。在沙漠裡有許多這樣的無尾河。這裡高溫少雨，河流中的水分會很快地蒸發掉，或者是滲入到地下，因此不知道在什麼地方會突然斷流，就變成了有頭無尾的河流。赫定的探險隊沿著孔雀河乾涸的河床不斷行進著，一直來到下游的羅布荒原。就在他們

準備穿越一片沙漠的時候，才發現探險隊挖水用的鐵鏟不見了。大家都知道，在沙漠中沒有水是寸步難行的。無奈之下，只好讓嚮導回去找。赫定他們怎麼也沒有想到，當嚮導回來的時候，竟然帶回來幾塊木雕殘片。赫定看到這些以後，眼睛突然瞪得大大的，就好像銅鈴一樣。他激動萬分，興奮得手舞足蹈。因為他知道，他即將揭開一個迷失在沙漠中的中亞古國的神祕面紗，而隨後一年的挖掘證實了這個想法。他發現了中亞古國——樓蘭。

不要在胡楊樹下過夜

當瑞典探險家赫定帶著從樓蘭遺址中發現的大量文物回到歐洲時，引起了整個歐洲的巨大轟動。於是，被利欲薰心的西方列強們紛紛動身前往樓蘭，開始對那些歷史遺留的瑰寶進行大肆地掠奪。日本人大谷光瑞，就是這些人中的一員。其實早在1902年，大谷光瑞就來過樓蘭，那時候知道這個地方的人還很少，因此大谷光瑞在對塔里木盆地進行了細緻的調查後，就在克孜爾千佛洞盜割了一部分壁畫，運回了日本。而到了1908年，當大谷光瑞又一次派遣橘瑞超和野村榮三郎抵達新疆時驚呆了。因為這個時候，樓蘭遺址的消息幾乎傳遍了整個歐洲，包括英、法、德、俄等國。西方列強接踵而來，把整個樓蘭遺址幾乎成了強盜們的集散地。大谷光瑞冷冷地看著在胡楊林下宿營的強盜們，而自己卻走向了一個沙丘的背風處。有著豐富沙漠經驗的大谷光瑞知道，在沙漠植物下宿營，絕對是一種自殺的行為。那是因為在胡楊樹等植物的根部，生活著一些諸如蠍子和蚰蜒一樣的有毒昆蟲。如果這些帶著致命毒素的小傢伙半夜爬出沙子，只要在人身上咬一口，人就會死掉。大谷光瑞就有幸見到過這麼一個冒冒失失在胡楊樹下過夜的人，等到第二天被發現的時候，皮肉已經爛得發黑了，眼睛、鼻子、嘴巴和耳朵裡都還在往外淌著黑紅色的血液。

《李柏文書》記錄了中國的西域歷史

1909年2月，也就是大谷光瑞派遣的樓蘭探險隊深入沙漠裡的第二個年頭，在日本人橘瑞超的率領下，探險隊經由庫爾勒進入羅布泊地區，然後直奔樓蘭。這是在中國探險的一年多時間裡，橘瑞超結合當地的地理情況，再參考了瑞典人赫定給出的指引資訊，得出的最佳行進路線。按照這條路線行進，他們有效地避過了那些為了爭奪樓蘭寶物，正在如火如荼地進行著無謂打鬥的西方列強，來到了另外一片古城廢墟。

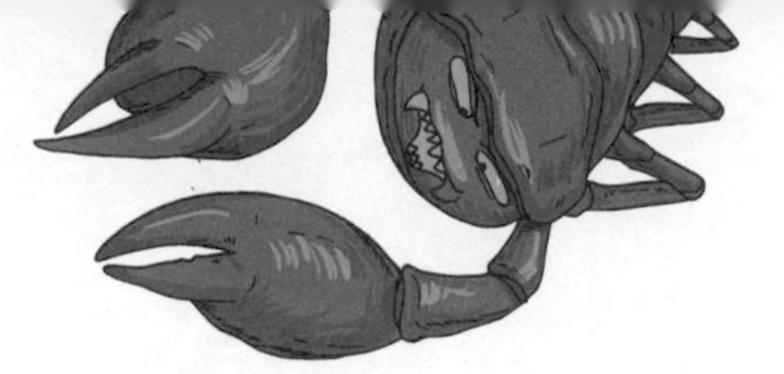

這一次，橘瑞超等人來到的地方，位於樓蘭古城西南方向大約48公里處，這裡集中了許多已經坍塌破敗的土樓。不過由於西方列強在樓蘭那裡已經殺紅了眼睛，所以對西南方的這片「荒漠」沒有任何興趣。可當時誰也沒有想到，就這樣一片不被人看好的地方，卻讓日本人大谷光瑞舉世聞名，因為就在這裡，他發現了擁有無法想像的藝術、歷史以及收藏價值的，記錄1600年前歷史的《李柏文書》。

樓蘭古城在連綿的戰爭中消失了

樓蘭在歷史上一度成為絲綢之路的一個重要樞紐。現在，不管是從它的遺址建築，以及從 20 世紀初的那場列強搶奪戰中殘存下來的壁畫上，還是從史料記載上，我們都可以看出這個曾經繁榮昌盛的古國。可是後來它卻神祕消失了。可信度較高的說法是在歷史上政局最為混亂的東晉十六國時期，北方的許多民族自立為藩，而樓蘭在當時又是兵家要地，於是，長期頻繁的戰爭、掠奪性的洗劫，就使得樓蘭的植被與交通商貿的地位遭受到了毀滅性的破壞。生活在其中的人民苦不堪言，紛紛外遷。就這樣，一個昌盛一時的國家就變成了今天滿目瘡痍，一片荒涼的淒慘景象。

毛骨悚然，可怕至極

使人離奇死亡的法老詛咒

圖坦卡蒙是古埃及新王國時期第十八王朝的法老，也就是那個時候埃及的國王。雖然圖坦卡蒙在埃及歷史上並不是功勳最為卓越的法老，但是在今天，卻是世界最為聞名的法老。原因就是他那讓人談之色變的詛咒。

英國勳爵被蚊子咬過以後就一命嗚呼了

1922年，英國的考古學家卡特終於在埃及的帝王谷挖到了他夢寐以求的埃及法老圖坦卡蒙的陵墓。於是，異常高興的他將這個消息帶回倫敦，並告訴了他的贊助人卡納馮勳爵。緊接著，卡特和卡納馮兩個人就一起向埃及帝王谷出發了，一同前往的還有20幾個人。他們根據卡特提供的路線來到了圖坦卡蒙的陵墓之中，在這裡，他們發現了金子做成的面罩，以及價值不菲的珠寶。可就在這個時候，一隻蚊子突然停在卡納馮勳爵的臉頰上，本來這應該是一個誰也不會在意的微小細節，當時沒什麼感覺，怪就怪在卡納馮勳爵回到

開羅之後，被蚊子咬到的地方奇癢無比，並腫起了一個很大的包，這個包在他一次刮鬍子的時候被碰破了。於是，卡納馮勳爵就發起了高燒，一病不起。最終，葬送了性命。其實，對於卡納馮勳爵的突然離世，考古隊的所有人並沒有想得太多。然而誰也沒有想到的是，這個才剛剛死去的卡納馮勳爵竟然神奇地搶占了遠在倫敦的各大報紙的頭版頭條，內容無他，都是埃及法老的詛咒。而倒楣的卡納馮勳爵，則是因為挖掘法老的陵墓，成為了受詛咒的第一位殉難者。

由於打擾了法老的安寧，被死神垂臨的21個人

「誰打擾了法老的安寧，死亡之神的翅膀就會垂臨在他的頭上！」這便是法老的詛咒。在當時，卡特和卡納馮勳爵都認為這是無稽之談。可是，後來事情的發展，似乎是在冥冥之中，與法老的這句詛咒產生了某種不言自明的巧合。

首先，根據檢驗圖坦卡蒙木乃伊的醫生的報告，他在圖坦卡蒙的臉頰上也發現過這麼一個疤痕，而且竟然和卡納馮勳爵臉頰上被蚊子叮咬的地方，位置完全相同。不僅如此，當年隨隊的還有另一位考古學家莫瑟。

他負責推倒墓內的一堵牆壁，從而找到圖坦卡蒙的木乃伊。可是不久之後，他就患上一種神經錯亂的怪病，痛苦地死去了。後來，在短短的十年間，曾經進入過圖坦卡蒙陵墓內的人中，就有21人相繼死於非命。其中最為蹊蹺的，就要數卡特祕書的父親了。卡特祕書的父親也是一位生活富足的勳爵，但是卻在某一天突然自殺了，而且還留下一張紙條。根據上面潦草的字跡，大家得知他是因為再也忍受不了這個世界帶給他的恐懼，而決定為自己尋找一條出路。事後，人們在他的臥室內找到了一隻從圖坦卡蒙陵墓中取出的花瓶。

都是真菌惹的禍

那麼，這些人莫名其妙的死亡，難道真是因為那所謂的法老的詛咒嗎？對於這種說法，現代和科學家們嗤之以鼻。因為他們更相信這些人的離奇死亡是由於陵墓內的特殊構造引起的。

首先，對於那些進入墳墓的人來說，陵墓內壓及潮溼的環境，以及潮溼不堪的空氣，可能造成了他們的神經上的某種傷害，進而讓他們產生幻覺，直至死亡；另外，對於卡納馮勳爵以及其他因病死亡的人來說，一條當時圖坦卡蒙陵墓的挖掘記錄，也許能夠更好地說明一切：在陵墓內的牆壁上和各個陰暗潮溼的角落裡，有許多黑乎乎的、一團一團的奇怪東西。後來科學家們通過研究發現，這些成團的奇怪東西是一種由許多真

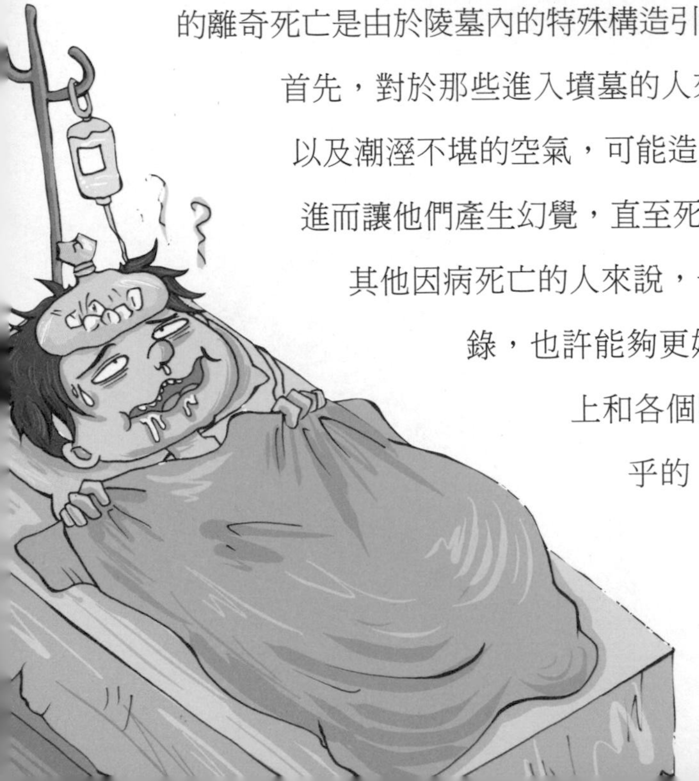

菌聚合在一起形成的菌落。這些真菌在幾千年前隨著圖坦卡蒙法老的下葬就存在於陵墓之中了，靠著木乃伊和其他一些有機物為生。一旦陵墓被打開，這些真菌就會隨著空氣的流動進入到人的肺部，進而引起肺出血等各種過敏反應，並且還會釋放出一些有毒物質，對人體造成極大的傷害。而現在，由於科學知識的不斷提高，人在下去法老陵墓的時候穿上了防護服，那些法老的詛咒便不再靈驗了。

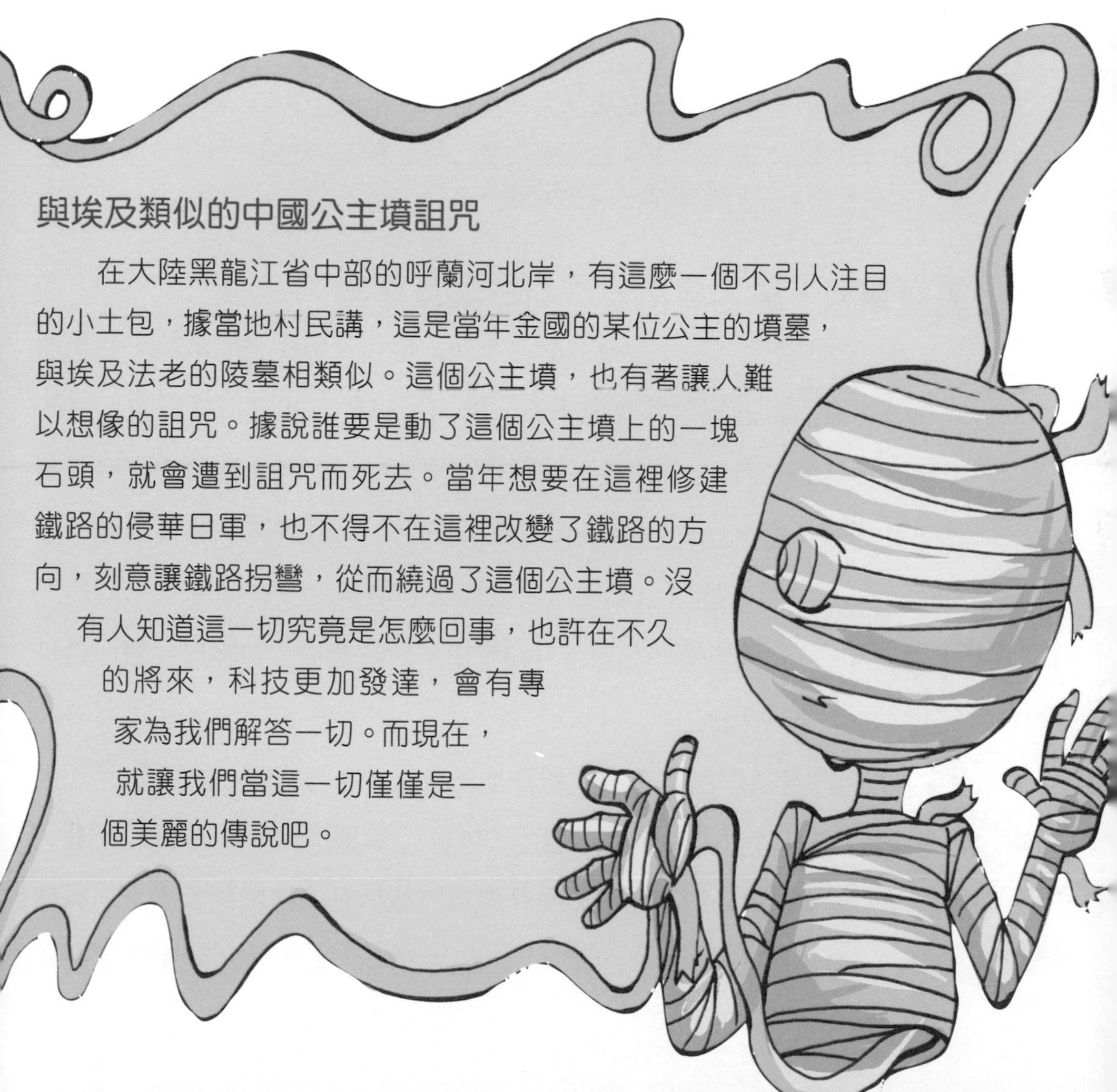

與埃及類似的中國公主墳詛咒

在大陸黑龍江省中部的呼蘭河北岸，有這麼一個不引人注目的小土包，據當地村民講，這是當年金國的某位公主的墳墓，與埃及法老的陵墓相類似。這個公主墳，也有著讓人難以想像的詛咒。據說誰要是動了這個公主墳上的一塊石頭，就會遭到詛咒而死去。當年想要在這裡修建鐵路的侵華日軍，也不得不在這裡改變了鐵路的方向，刻意讓鐵路拐彎，從而繞過了這個公主墳。沒有人知道這一切究竟是怎麼回事，也許在不久的將來，科技更加發達，會有專家為我們解答一切。而現在，就讓我們當這一切僅僅是一個美麗的傳說吧。

髒兮兮，臭烘烘

恐怖到令人虛脫的**墳墓**

提起墳墓，很多人都會想到墓中那美麗的壁畫。如果墓主人很有地位，還會有更多的殉葬品。想起來是不是很誘人？你會不會和考古學家一樣，有一種想深入墳墓一探究竟的衝動？就算要考察的地方雜草叢生，還有吐著紅信子的毒蛇等可怕的動物，都阻止不了你前進的腳步？

臭氣熏天，讓人無法忍受的古埃及墓道

埃及KV5號墓，是一個連通酸臭水池的現代管道橫貫的墳墓。要想進入墳墓，就必須通過這些臭氣熏天的管道。只要一聞管道裡散發出來的氣味，估計3天內都會讓你聞不到飯香。墳墓中一直滲出骯髒的東西，雖然不知道是什麼，應該也會讓人覺得不安吧！不過這樣的惡臭環境，並不能阻止熱愛考古的專家到墳墓中去一探究竟。他們只得慢慢地爬過這一段管道，而在墓道中會經歷什麼，真是無法預測。

考古學家彎著身子艱難地爬行著，可能是因為古墓的年代太久遠，背包不時與管道發出「咔咔」摩擦的聲音，「我的天啊，墓頂不會是要塌了吧？為什麼總有種地動山搖的感覺呢？」雖然還沒有見過墓中的景象，可是心裡依然矛盾著要不要堅持下去。

墓室裡填滿了被洪水沖來的鵝卵石，在這裡如果想要做什麼，對於一個孩子來說或許還不算困難，可是作為一個大人，除非不動，就算爬久了想舒展一下筋骨都是一種奢侈的想法。水管還在不斷地洩漏著，身邊的惡臭味一直散不去，或許是習慣了，就算鼻子裡不塞東西，也沒有想嘔吐的感覺了。

不要小瞧體積小的動物

想順利通過管道還真是不容易的事情，只覺得身邊的味道又濃烈了，十分熏人。鼻涕和眼淚已經不受控制地流下來，漸漸地開始感覺頭昏腦漲，快要不能思考了。「咦，這是怎麼回事？腿下怎麼總有小石子？哎呀，手上沾了什麼東西？溼溼的、黏糊糊的。」因為管道太暗，只能拿到眼前一看究竟。天啊！這是什麼東西的糞便，已經黏得滿手都是，再看看腿上，看來全身都逃不了這樣的命運了。這時，旁邊有隻蝙蝠在冷眼觀看著，墓道裡僅有的光打在那鋥亮的牙上，這不會是隻吸血蝙蝠吧？牠靜靜地彷彿在看一場好戲，原來這所謂的「地面」竟然是層厚厚的蝙蝠大便。墓室不是封閉的嗎？蝙蝠怎麼會出現？看樣子已經在這裡生活很久了。因為墓室沒有光，而蝙蝠喜歡夜間行動，這樣對牠捕食更有幫助。雖然體積不大，要是被牠攻擊，吸血事小，傳染上了其他疾病可是不合算的，所以還是快點兒遠離這個可怕的蝙蝠吧！

考古學家繼續前行著，已經到了這個地步，再遇到可怕的事也阻擋不了前進的決心。可是人的體力是有限的，總不能永遠精力充沛。實在累了就躺下來歇一下吧！為什麼總感覺耳邊有聲音，好像有很多爪子在周圍爬動。輕輕轉過身一看，這不是蠍子嗎？不過牠的身體還真是不大，如果想要捏死牠，應該不是個難事兒。不過也許還沒等碰到牠，就得被牠那帶有劇毒的尾刺刺到。而牠的毒液會隨著血液迴圈，進入到身體的各個部分，使人迅速被麻痺而動彈不得。估計什麼都不用做，就直接去找聖母瑪利亞了。真是不能小瞧這些體積小的動物啊！

能夠吃苦耐勞的考古學家

悶悶的墓室裡並不通風，實在是太熱了，熱得讓人喘不過氣來。考古學家皮特裡身上都被汗水浸溼了，整個人就像水煮的小蝦——被悶得紅紅的，臉上的汗水就像小溪一樣一點點滴落……

墓室裡填滿了泥漿和汙水，皮特裡在泥漿中艱難地挖掘著。如果想在這樣的環境中發現什麼，那可真需要很長的時間。看看墓室的環境：從地下管道中流出的汙水蓋住了整個地面，空氣中混合著潮溼又臭烘烘的氣味，一些不知身分的死人骨骸漂浮在周圍。如果工具掉在汙水裡，說不定撿起的是一個看似暗白的骨頭。或許對這墓室感興趣的人並不占少數，他

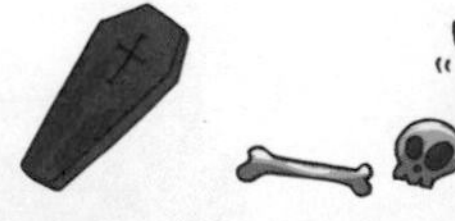

們因此而丟性命也就不覺得意外了。雖然在不斷的工作中能夠發現多年前的珠寶和很多歷史悠久的文物，可是這樣的考古工作對生命安全根本沒有保證。有一個挖掘工人在一條壕溝中吸菸，原本起固定作用的大石頭突然掉下來，「砰」的一聲，就砸在他的腦袋上。你能想像一個人腦漿迸裂的樣子嗎？圓圓的腦袋變得像餅一樣扁。確實，他被砸死了。

墓室裡總是危機四伏，隨時都會有滅頂之災。可是無論多麼艱難，都阻擋不了考古學家進行考察。結果對他們雖然重要，但是艱苦的過程也是他們所享受的。

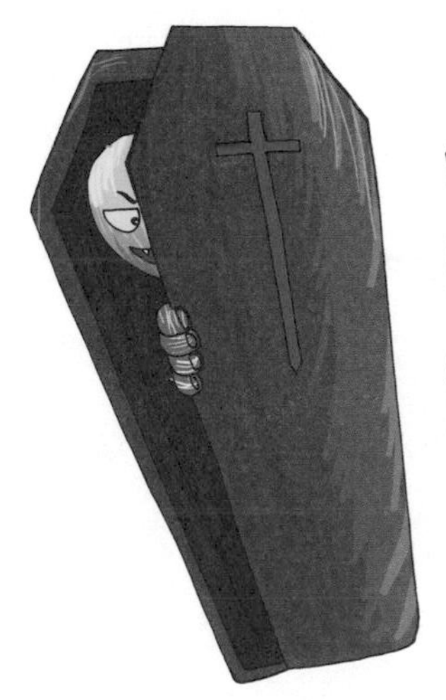

法老寵妃的歸所——納菲爾塔莉墓

拉美西斯二世是古埃及最著名的法老，他是偉大的領袖和傑出的建築家，而納菲爾塔莉就是他的妻子。在王后中，最壯觀的墳墓就屬她的了。1904 年，義大利考古學家埃爾內斯托・斯基亞帕雷利發現了她的墳墓，但她的木乃伊和隨葬品均被盜。儘管如此，在墳墓的墓壁上還是保留了大部分的壁畫。這些壁畫形象地反映了埃及人的一種想法，就是相信死後能過上富饒、繁華的天堂生活。

哇，真神奇啊！

危機四伏的秦朝陵墓

你見過78座故宮那麼大的陵墓嗎？陵墓裡有著璀璨的日月星辰，流動的江河湖海，以及石刻的巨幅中國地圖。地底下巨大的宮殿四周，分布著無數陶制的兵車戰馬。它們大小與實物相當，並且會對進入其中的盜墓者發射暗器。此外，陵墓裡彌漫著很多有毒氣體，足夠讓入室盜寶的人有去無回。想知道地下陵墓裡都有哪些黃金寶藏和毒蟲猛獸嗎？讓我們去探個究竟吧。

密如漁網的機關

地下皇陵裡有各種奇珍異寶，都是帝王的陪葬品，價值連城。據說，帝王的棺材裡有陪葬的金縷玉衣，這件金縷玉衣由無數的金絲和成千上萬片各自獨立的小塊翡翠縫製而成，華麗氣派、不會腐爛，即使保存上萬年也能完好如初。不過在得到金縷玉衣之前，盜墓賊得闖過墓道裡危險重重的機關。機關通常被安裝在墓道狹窄的地方，如果有盜墓者敢擅自闖入，這些隱蔽的強弩就會萬箭齊發。因為地方狹窄，轉身困難，所以盜墓者無處逃避，只能被亂箭活活射死。有些暗弩的射程可達800公尺，張力超過700斤。如此大力的射擊，即使體格健壯的牛，也能被穿膛。如果僥倖中箭未死，箭頭上的毒就會在人體內擴散，最後還是難逃死亡的噩運。

除了強駑之外，墓室裡還設有各種陷阱，包括墓道天花板上的懸劍和地磚下的連環翻板。人們行走在墓室過道中，如果不小心觸發機關，用細繩懸空的劍、石頭、飛刀等雜物就會迅速墜落，如瞬間撒下的大網，將闖入者捕殺。另外，最危險的機關還有連環翻板。它通常是由地面向下深挖3公尺，埋上鋼錐尖刺，懸空鋪上木板，下面用類似天秤的滑輪支撐，木板上鋪上地磚泥土。當行人經過時，木板在滑輪的帶動下翻轉，人隨之落入坑中，被鋼錐刺穿臟腑。暗駑、連環翻板、鐵索吊石是秦陵墓裡最常見的3種機關，它們如漁網般分布在陵墓中，盜墓賊們想輕易避開幾乎不可能。

陵墓中的隱形殺手

秦陵墓室頂部鑲嵌著日月星辰，地面有用水銀灌輸的百川及江河湖海，儼然一幅當時的疆域圖。這些流動在疆域圖中的水銀代表著江河，牠們數量多得驚人，至少有100噸。如果盜墓賊進入這裡，可能幾分鐘前還在為眼前美景驚嘆不已，幾分鐘後就昏迷不醒，七竅流血身亡。他們不是驚訝過度而死的，也不是

被嚇死的，古代的人們認為，這些盜墓賊是觸犯帝王後，被亡魂詛咒而死。那麼，陵墓中真有守衛帝王的靈魂嗎？這些無形的殺手究竟是誰？

科學家發現，常溫下液態的水銀極容易揮發變成蒸氣，而汞蒸氣密度大，屬有毒物質。人吸收含有汞蒸氣的空氣後，就會中毒身亡。由於它們無色無味，彌漫在整個空氣中，只要進入陵墓區域，就進入了它們籠罩的範圍。於是，盜墓賊們就在驚嘆著陵墓寶藏的同時，慢慢死去。

爆炸的鉛棺

闖過重重機關之後，盜墓賊們終於能看見帝王氣派的棺槨。然而，想要打開它並非易事，因為它們可是由厚厚的鉛板做成。棺材板非常重，兩個人就想輕易撬開簡直是痴人說夢。曾有聰明的盜墓賊設想用彈藥炸開它，結果鉛棺沒炸動，倒是炸動了墓室的牆壁，整個地下墳墓坍塌下來，把他們埋葬在其中，成為墓室主人的第二批陪葬者。也有盜墓賊們採用最先進的設備，歷盡千辛萬苦終於撬動鉛制棺材板，他們眼巴巴地期盼歷史時刻的到來。可是在輕輕推動棺材板的　那，「砰」的一聲，空氣發生猛烈爆炸，把他們炸得仰面朝天，分屍四野。

棺材為什麼會自己爆炸呢？

原來在古代，貴族都用鉛棺存放屍體，它具有非常好的密封性，即使過去幾千年，屍體化成灰塵和氣體，依然能完好地保存在其中。當棺材被打開時，這些氣體逃逸出來，與空氣混合就會產生猛烈的爆炸。

地下陵墓中還有各種千奇百怪、令人意想不到的機關，它們千百年埋葬過無數的盜墓者。不過儘管危險重重，依然阻擋不了盜墓人到墓中一探的腳步。

秦陵中的水銀從哪來的

2003 年，大陸科考隊利用地球物理勘察技術，初步統計秦陵中的水銀數量至少不下 100 噸。水銀是稀有的液態金屬，即使在今天，這也是個令人瞠目的數位。那麼如此多的水銀最初是誰提供的呢？歷史學家們認為，它是由秦朝巴郡地區的女寡婦提供的，她是巫山（即神話中的靈山）等級最高的女巫，擁有整個地區的水銀礦石——丹砂，成為當時的巨富。古人認為水銀是「不死之水」，秦始皇曾邀請她前去咸陽研究長生之術，並要求在自己的陵墓中灌上水銀，以此求永生。

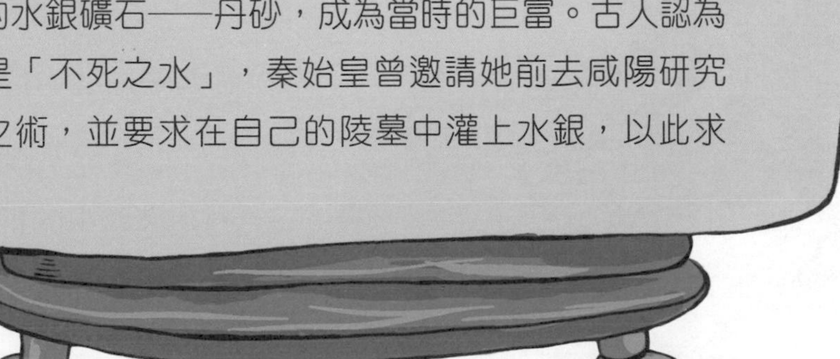

啊，好可怕的石頭！

讓人痛苦死亡的殺人石

馬里，是非洲西部的一個內陸國家，地處撒哈拉沙漠以南，較為貧困。就是這樣一個並不起眼的國家，卻在20世紀的60年代，因為一塊能殺人的奇怪石頭名揚海外。

從山谷之中冉冉升起的神祕光暈

耶名山是馬里境內的一座普通山丘，在山上有一片茂密的大森林，各種巨蟒、鱷魚和獅子、老虎等猛獸，都以此當作自己嬉戲的樂園。但是就在1967年的春天，一場強烈的地震引來了四面八方的關注。震後，當人們遠遠的朝耶名山的東麓望去時，總能看到一種飄忽不定的光暈，尤其是到了雷雨天，更是炫麗萬分。據當地人說，在那裡埋藏著歷代酋長的無數珍寶，而那些神祕的光暈，就是從震裂的地縫中透露出來的珠光寶氣。起初，人們認為那是陽光在空氣中的折射所造成的色彩分布。由於將陽光中的各種

色彩折射了出去，就形成了五顏六色的光芒，就好像彩虹一樣。不過，那些光線到底是怎麼來的，沒有人知道。馬里政府為了調查出真相，就派出了一個八人的探險隊前去調查。幸運的是，探險隊才到那裡，就趕上了一場暴雨，緊接著，那些斑斕的色彩就交相輝映地顯現出來，讓所有人驚嘆不已。雷雨剛停，這些人不顧道路的泥濘不堪，馬上朝著耶名山東麓出發了。

色彩豔麗的半透明巨石

經過長時間的行走，探險隊到達了耶名山東麓的山野之上。在這裡，他們發現了許多死人，這些死人身體怪異地扭曲著，表情痛苦，就好像是正在遭受酷刑的犯人一般。從屍體的檢查上來看，他們已經死了很長一段時間，很有可能是那些不聽勸告，想要偷偷進山尋寶的探險者，但是他們為什麼會莫名其妙地死去呢？更加令人奇怪的是，在如此炎熱又潮溼的地方，這些屍體竟然沒有一具腐爛的。

於是，探險隊員們開始四處搜尋線索。皇天不負有心人！其中一名隊員很快發現了一道從地縫之中綻放出來的炫麗光芒，所有人不禁精神為之一振，急急忙忙開始挖掘起來。一個小時以後，一塊重約半噸，並能夠散發出各種不同光芒的橢圓形巨石呈現在他們的面前。可就在這個時候，這些探險隊員們的身體都開始出現了一系列的抽搐反應，相繼如同麻袋一般栽倒在地上。直到這時，仍然能夠保持清醒的隊長才突然想起那些死因不明的屍體，不禁渾身一顫，立即拖著開始麻木的身體，搖搖晃晃地想要向山下走去，準備叫人來解救他的同伴。可他才走下山，也一下子栽倒，昏迷了過去。

讓人組織壞死的強烈輻射

不知過了多久，當這位探險隊的隊長終於清醒過來的時候已經是在當地的一家醫院裡了。原來，耶名山距離鄰近的村子並不遠，而且常常有人會經過山腳下。因此，這位探險隊長幸運地被一位路人送到醫院。不過，他只是勉強甦醒了一會兒，將所有的事情告訴了人們之後便再次陷入昏迷。經醫生進一步地檢查後發現，這位隊長的肌肉就像水做的一樣軟，毫無疑問，他的皮下組織已經受到強烈射線的照射而變得潰爛化膿了。不僅如此，就連他的內臟和其他一些組織也受到嚴重的損傷。於是，得知情況的馬里

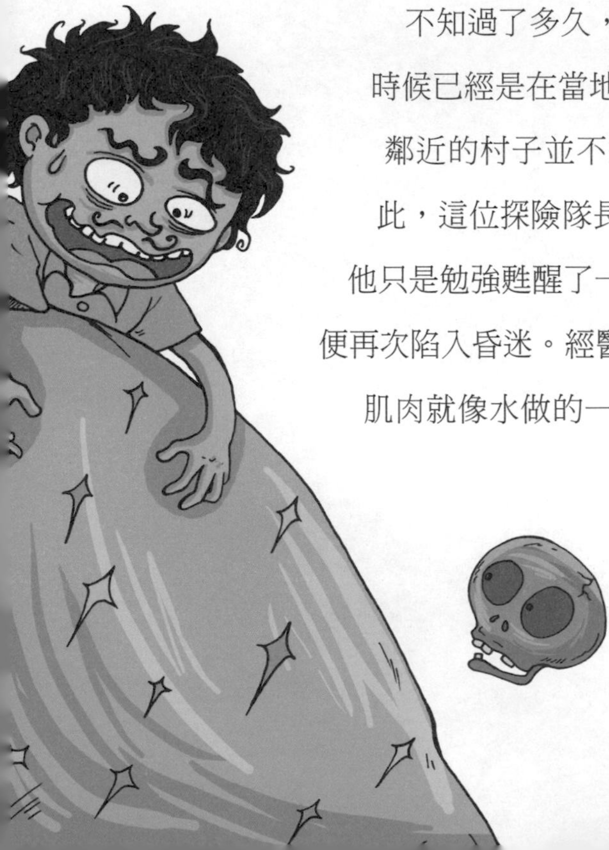

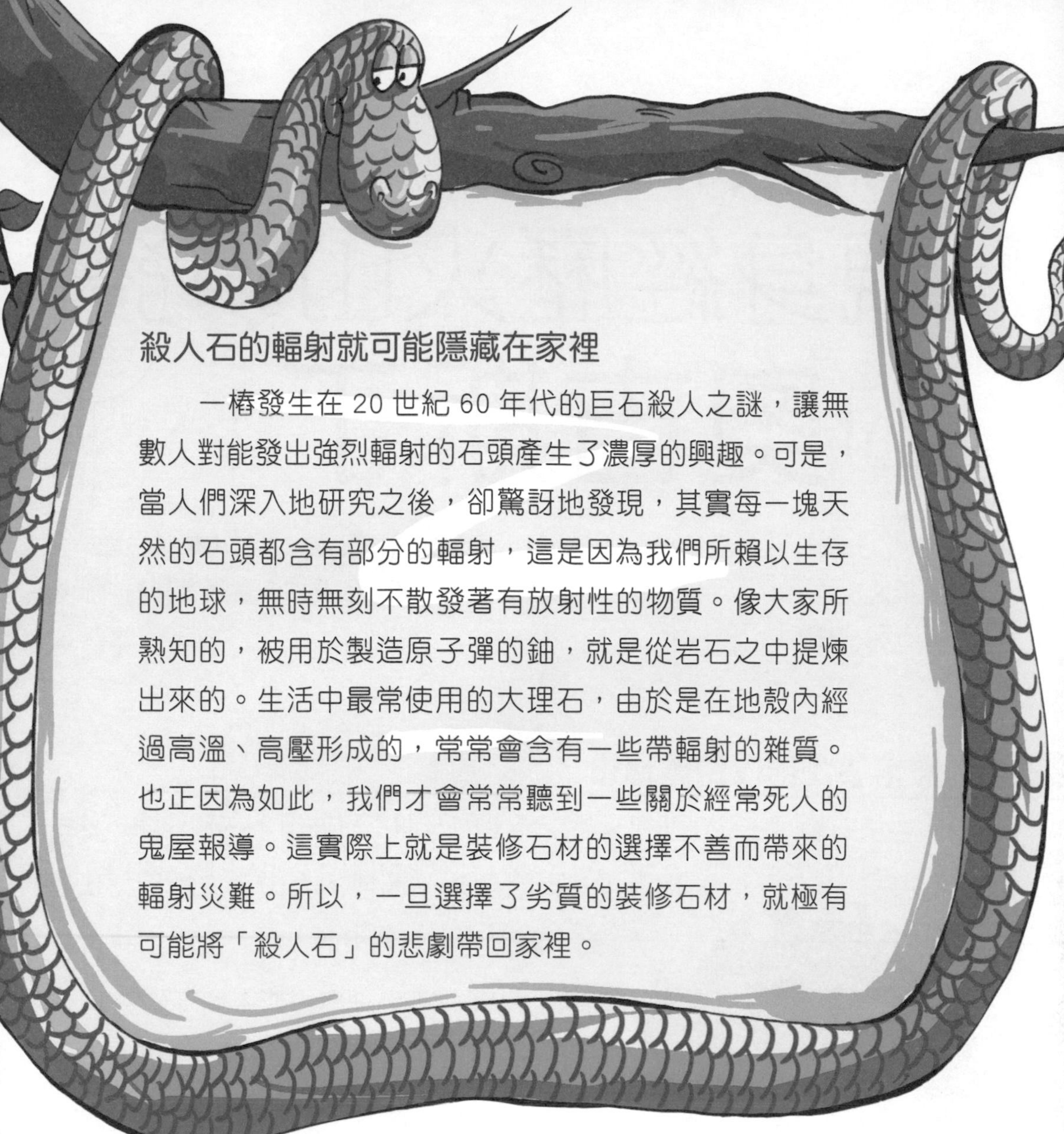

殺人石的輻射就可能隱藏在家裡

一樁發生在 20 世紀 60 年代的巨石殺人之謎，讓無數人對能發出強烈輻射的石頭產生了濃厚的興趣。可是，當人們深入地研究之後，卻驚訝地發現，其實每一塊天然的石頭都含有部分的輻射，這是因為我們所賴以生存的地球，無時無刻不散發著有放射性的物質。像大家所熟知的，被用於製造原子彈的鈾，就是從岩石之中提煉出來的。生活中最常使用的大理石，由於是在地殼內經過高溫、高壓形成的，常常會含有一些帶輻射的雜質。也正因為如此，我們才會常常聽到一些關於經常死人的鬼屋報導。這實際上就是裝修石材的選擇不善而帶來的輻射災難。所以，一旦選擇了劣質的裝修石材，就極有可能將「殺人石」的悲劇帶回家裡。

有關部門立即派出救援隊趕赴山上搶救其他的7名隊員。但是可惜的是，他們無一生還。而那塊使許多人喪命的「殺人石」卻奇蹟般地從山坡上滾落到一個無底的深淵中。因此，沒有實物而無法進行深入研究的巨石殺人之謎，將注定成為一樁懸案。

哇，好燙的岩漿！

親身經歷火山噴發的奧古斯丁

在很久以前，人們看見有一些山峰冒出濃濃的黑煙，好像是著火燃燒一樣，於是稱之為「火山」。火山噴發時的景象頗為壯觀，因此許多冒險者都對火山噴發心馳神往。

經常冒煙的皮納圖博山

奧古斯丁生活在菲律賓呂宋島上的一個小村莊裡，在離他家不遠的地方，有一座叫皮納圖博的大山。皮納圖博山很高，聽那些從美國來的人說，這座山有1700多公尺高。不過，奧古斯丁並不知道1700公尺到底是多高，但是他知道，如果要從皮納圖博山的山腳下往上爬的話，沒有3個小時是爬不到頂的。

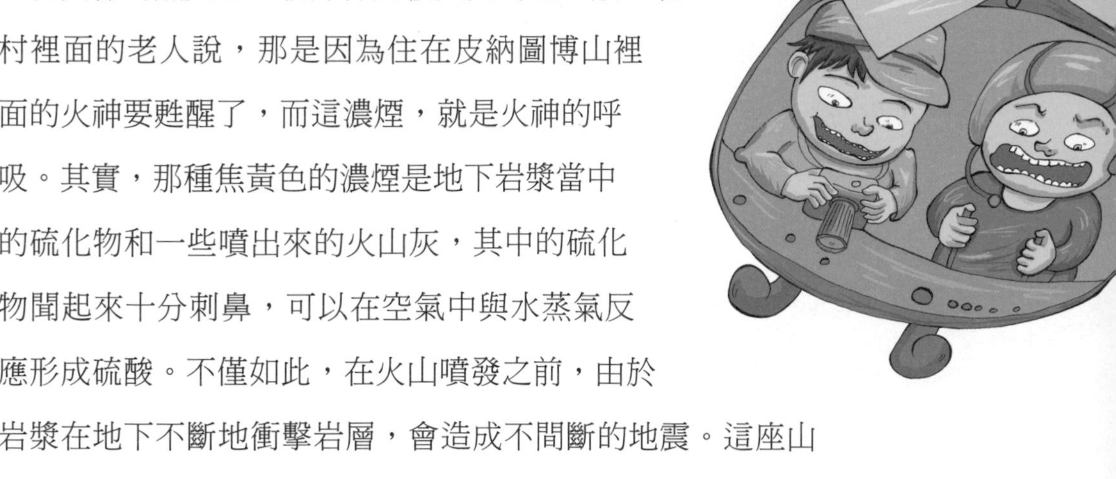

就是這座山，從4月初開始，不斷地有黝黑的濃煙散發出來，山頂上的樹木在被這些濃煙籠罩過後，都呈現出一種異樣的焦黃色，就好像是被大火烤過一般。聽村裡面的老人說，那是因為住在皮納圖博山裡面的火神要甦醒了，而這濃煙，就是火神的呼吸。其實，那種焦黃色的濃煙是地下岩漿當中的硫化物和一些噴出來的火山灰，其中的硫化物聞起來十分刺鼻，可以在空氣中與水蒸氣反應形成硫酸。不僅如此，在火山噴發之前，由於岩漿在地下不斷地衝擊岩層，會造成不間斷的地震。這座山裡並沒有聽謂的火神。

到了6月份的時候，菲律賓政府開始派人疏散群眾，這讓奧古斯丁一下子意識到皮納圖博山在不久的將來肯定會發生一些什麼。於是，在好奇心的驅使之下，奧古斯丁沒有隨軍隊撤離，而是獨自一人朝皮納圖博山走去。

爬上山頭躲過岩漿掩埋

憑著記憶，奧古斯丁很快到達了皮納圖博山下。而就在這天中午，奧古斯丁才將幾個野果吃下肚子，就感覺地面劇烈搖晃起來，好像是在船上漫無目的地顛簸一般。他朝皮納圖博山上看去，只見一道黝黑的蘑菇雲沖天而起，緊接著，彷彿驚雷一般的聲音陡然在耳邊炸響，地面的震動也在這聲炸響後變得更加劇烈起來。

隨即，幾道赤紅的流狀物被狠狠地拋到高空中，奧古斯丁恍然大悟，這是火山噴發。這個場景他曾經在電視裡面見到過，原來皮納圖博山是座火山，而那些赤紅的流狀物就是岩漿。不過更可怕的事情還在後面，因為那些岩漿在地球引力的作用下，很快便從皮納圖博火山傾瀉而下，朝奧古斯丁席捲而去。

這個時候，奧古斯丁嚇壞了，他急忙跑上旁邊的一座山頭，這才有驚無險地躲過了岩漿的襲擊。不過，從岩漿升騰而起的氣浪不斷侵襲著他所在的山頭，那炙熱的溫度，讓他覺得自己就像是蒸籠裡的包子，隨時都有可能被蒸熟。

整整48小時的暗無天日

如果事後有人向奧古斯丁詢問起皮納圖博火山噴發時的情景，那麼他一定會告訴你，其實火山剛開始噴發的時候並沒有什麼可怕的，可怕的是噴發之後的48小時。

為什麼這麼說呢？因為就在奧古斯丁躲過了第一輪的岩漿侵襲，以為可以高枕無憂的時候，他突然發現，在天空中黑壓壓的一片雲朵朝自己這邊壓了過來。不過，很快他就知道了，那並不是什麼雲朵，而是大批的火山灰。不僅是讓人近乎窒息的火山灰，還有許多被火山拋甩出來的碎石塊，有的只有拳頭般大小，而有的卻比人還要大。

面對這樣的情景，奧古斯丁只得躲在一棵大樹下，用浸了尿液的衣襟緊緊地捂著嘴巴和鼻子，以免吸入過多的火山灰導致窒息。他無論如何也想不到，原本以為幾個小時就會消散的火山灰，竟然整整持續了兩天。在這兩天的時間內，火山灰就好像雪花一般降落而下，鋪滿了整個大地，幾乎都快把奧古斯丁活活掩埋了。不過最終他還是熬了過去，得到了救援。

可以為地球降溫的火山

我們都知道，火山噴發會噴出大量的火山灰，但是你恐怕想不到，就是這些火山灰，竟然可以為我們的地球降溫。根據科學家們的研究顯示，1991 年的那次皮納圖博火山噴發，就足足排放出了超過 2000 萬噸的火山灰和一些硫化物氣體，這些物質飄散在大氣中，讓太陽光照射的熱量沒有辦法全部進入大氣層。這樣一來，由於受到太陽熱量減少的影響，整個地球的溫度就自然而然地下降了。而根據科學家們的統計，皮納圖博火山的那次噴發，竟然讓整個地球降了 0.5℃。

啊，好大的腳步印！

神祕莫測的 喜馬拉雅雪人

高聳的喜馬拉雅山傲然挺立，在那茫茫的白色雪山中，埋藏著許多不為人知的祕密。而在人們的口中不斷傳誦的一種奇特類人生物——雪人，顯然就是其中之一。

傳說中生活在雪山上的類人生物

霍華德是瑞典的一位探險家，對於這個出生在12月份的射手座年輕人來說，挑戰全世界的隱祕之地，去探究那些不為人知的奧祕是他比重的願望。而關於喜馬拉雅山雪人的傳說，更是讓他如痴如醉。因此，他準備好了一切之後，向那個充滿神祕的地方進發了。

為了這一次的喜馬拉雅之行，霍華德可謂是準備充分。他在之前用了整整一個月的時間來惡補關於喜馬拉雅山雪人的知識。他知道，在喜馬拉雅的山區中，雪人被描繪成一種身材高大、半人半猿的神祕動物。牠們比世界上最高

的人還要高許多。傳說中，在其壯碩的身上長滿了許多灰黃色的毛髮，並且牠們力大無窮，可以輕易地擰下一頭牛的頭顱；牠們行走如風，可以像猴子一樣在懸崖峭壁上跳來跳去；有時候牠們凶猛彪悍，衝到人類的聚居地搗亂，並殺死人類；有時候又很溫柔和仁慈，在喜馬拉雅山當地的傳說之中，常常會有少女在雪山中遇險，雪人就像英雄一樣挺身而出，最後將少女救出。

不過霍華德對這些都只是半信半疑，因為他是探險家，他只相信自己的眼睛。

在山洞門口發現的奇怪腳印

在喜馬拉雅山南坡的一條小道上，一個人和一頭犛牛艱難地前行著，這個人，正是立志要尋找到雪人的霍華德。不過在海拔超過了5000公尺的高度，就是這個攀登過非洲最高峰乞力馬札羅山的探險家，也有些吃不消了。不僅如此，在將近半個月的尋找中，他幾乎踏遍了每一個曾經出現過雪人足跡的地域，但仍然一無所獲。這一天，他牽著犛牛來到了一個背風的山腳下，就在準備建立今晚的宿營地的時候，他突然注意到旁邊不遠處的一個山洞。本來，在喜馬拉雅山上，擁有一兩個山洞並不稀奇，但是讓霍華德驚喜萬分的是，在山洞的前面，有一串像人一樣的巨大腳印。

這些腳印長約50公分，寬約20公分，拇趾很大並且向外翻開。通過霍華德的判斷，這一定是一個高達4公尺的兩足動物。經過分析，他很確定這就是雪人的腳印。並且這個雪人十分強壯，通過留下來的腳印深度來看，牠的力量至少和熊是處在一個級別的。也就是說，雪人只要兩隻手臂，就可以活生生地把一個人的胸腔肋骨全部擠碎。

辛苦追蹤的雪人竟然是藏熊

雖然在歷史上，雪人的腳印已經不是第一次被發現了，而且各種各樣的都有。不過，這並不能打消霍華德的積極性，他相信，自己一定能夠真正找到喜馬拉雅山雪人。

在之後的幾天裡，他不眠不休地利用自己積累的野外生存和跟蹤經驗追蹤著這個雪人。不得不說，霍華德是很有本事的人，他僅僅憑藉著遺留在雪地上的氣味和排泄物，就可以準確地找到雪人的行進方向。就這樣，一直到3天以後。當他剛剛翻過一座山頭，準備再一次停下來，尋找雪人遺留的蛛絲馬跡的時候，突然發現有一隻巨大的棕色動物，正在笨拙地爬上對面的山頭。這讓他欣喜若狂，急忙從自己的背囊裡抽出一把獵槍，然後手腳並用地以最快的速度衝到了對面的山頭。可是直到霍華德衝到了距離「雪人」只有50公尺的時候，他才驚訝地發現，這個有著臃腫的身體，長著像狗一樣的臉的傢伙，哪裡是什麼雪人啊？那根本就是一隻喜馬拉雅藏熊嘛！藏熊是黑熊的一種，平時棲息在喜馬拉雅山的密林之中，牠們經常在海拔3000公尺左右的山中活動，而且會在冬天和夏天不斷地在山上和山下來回遷徙。在爬山的時候，藏熊也會像人一樣手腳並用。這讓霍華德不禁啞然失笑：「難道藏熊就是雪人的真面目？」他不知道自己的判斷是否正確，但他知道，在人類的不斷探索中，雪人之謎終有一天能夠水落石出。

雪人英雄從雪豹嘴下營救少女

從西元前，關於喜馬拉雅雪人的傳說就已經在世間流傳了，而離我們最近的，恐怕就要數發生在 1975 年的那次了。

在 1975 年，一名尼泊爾姑娘像往常一樣在山上砍柴，專心致志的她，並沒有發現在自己的身後有一頭凶狠的雪豹，並且已經悄悄跟蹤她超過 10 分鐘了。突然，雪豹抓準了一個時機，猛然朝少女撲去，但就在這個時候，一個長著紅髮白毛的類人動物衝了出來，並和雪豹進行了殊死搏鬥，這個姑娘最終才得以逃回村子。

國家圖書館出版品預行編目資料

神奇的探索／于秉正主編. --初版 . --臺北
市：幼獅, 2016.07
面； 公分. --（科普館；7）
ISBN 978-986-449-049-3 （平裝）

1.科學 2.通俗作品

308.9 105007935

・科普館007・

神奇的探索

作　　者＝于秉正
出 版 者＝幼獅文化事業股份有限公司
發 行 人＝李鍾桂
總 經 理＝王華金
總 編 輯＝劉淑華
副總編輯＝林碧琪
主　　編＝林泊瑜
編　　輯＝周雅娣
美術編輯＝李祥銘
總 公 司＝10045臺北市重慶南路1段66-1號3樓
電　　話＝(02)2311-2832
傳　　真＝(02)2311-5368
郵政劃撥＝00033368

門市
・松江展示中心：10422臺北市松江路219號
電話：(02)2502-5858轉734　傳真：(02)2503-6601

印　　刷＝祥新印刷股份有限公司
定　　價＝250元
港　　幣＝83元
初　　版＝2016.07
書　　號＝930060

幼獅樂讀網
http://www.youth.com.tw
e-mail:customer@youth.com.tw
幼獅購物網
http://shopping.youth.com.tw

行政院新聞局核准登記證局版臺業字第0143號